Sérgio Afonso Mulema
Andrés Carrión

Técnicas Estadisticas para análisis del peso de la Tilapia

Sérgio Afonso Mulema
Andrés Carrión

Técnicas Estadisticas para análisis del peso de la Tilapia

Un estudio mediante parámetros físico-químicos que caracterizan el ambiente acuático

PUBLICIA

Imprint

Cover image: www.ingimage.com

Publisher:
PUBLICIA
is a trademark of
International Book Market Service Ltd., member of OmniScriptum Publishing Group
17 Meldrum Street, Beau Bassin 71504, Mauritius

Printed at: see last page
ISBN: 978-620-2-43039-5

UNIVERSIDAD POLITECNICA DE VALENCIA

Departamento de Estadística e Investigación Operativa Aplicada y Calidad

APLICACIÓN DE TÉCNICAS ESTADÍSTICAS PARA ANÁLISIS DEL INDICE DE SALUD DE LA TILAPIA EN MOZAMBIQUE

Un estudio mediante parámetros físico-químicos que caracterizan el ambiente acuático en los estanques de la empresa Aquaquel

Realizada por: Sérgio Afonso Mulema

Dirigida por: Andrés Carrión García

Valencia, Agosto de 2015

DEDICATORIA

A mi hija Óigres Sérgio Mulema.

AGRADECIMIENTOS

En primero lugar, agradezco a DIOS, el todo poderoso, por la vida, salud y fuerzas para realizar este trabajo;

A mi tutor Andrés Carrión García, que de forma sabia me ha dado todo el apoyo necesario en todo el momento que lo necesité.

A mi esposa Madiana Mulema, que gracias a su apoyo fue posible obtener los datos en el campo, aprovechándose de su formación en Biología Marina, ha sido personaje relevante en la adquisición e interpretación de los datos.

A todos los profesores y colegas del Master en Ingeniaría en Análisis de Datos, Mejora de Procesos y Toma de Decisiones, que directa o indirectamente han contribuido para este trabajo.

A los Dirigentes de la Universidad Pedagógica de Mozambique que me concedieron la autorización para seguir con los estudios y a los Dirigentes de la empresa Aquaquel por la disponibilidad de sus estanques y otros recursos de la empresa.

A todos, muchas gracias.

RESUMEN

El trabajo que tiene en manos, es resultado de una investigación realizada en la empresa Aquaquel, ubicada en el barrio Inhagome en la ciudad de Quelimane-Mozambique. Se basó en analizar el peso de la tilapia a través de la variabilidad de los parámetros físico-químicos en los estanques mediante técnicas estadísticas; para ello, se ha diseñado un experimento que posibilitó la recogida de datos que han sido analizados principalmente por *Análisis de Componentes Principales*, *Análisis de la Varianza*, *Discriminante de Fisher* y por *Modelos Lineales General.* Se constató que, en aquella empresa, los estanques 2 y 4 presentan características ambientales similares y que su anomalía principal es la falta de claridad en sus aguas. Por otro lado los estanques 1 y 3 presentan déficit de oxígeno y la diferencia entre estos dos estanques reside a los niveles altos del pH presentado por el estanque 3. Las tilapias con pesos recomendables han sido encontradas en el estanque 3, siendo que el estanque 1 presenta pesos más bajos, seguido por el estanque 2.

Los pesos bajos observados en el estanque 1 pueden estar asociado a la influencia conjunta de bajos niveles de oxígeno y del pH, en los estanques 2 y 4 a los bajos niveles bajos de la transparencia. Aunque el estanque 3 presente pesos aceptables se entiende que este parámetro puede ser mejorado si se establece un mecanismo de mejora del oxígeno en el proceso de cultivo, por ello, se recomienda a los cultivadores de Aquaquel reducir la cantidad de las tilapias en los estanques 3 y 1, pues, no habiendo otra razón, entendimos que este problema es debido a asignación excesiva de tilapias en dichos estanques; por otro lado, para los estanques 2 y 4, se sugiere que se utilice ración de alimento adecuada y en proporciones optimas, visto que la turbidez evidenciada en estos estanques ha sido creada por tal desajuste, causando una concentración de microalgas en la superficie del agua y dificultando su transparencia.

Palabras claves: Estadísticas, Tilapia, Acuicultura, Parámetros, Estanques.

RESUM

El treball que te en mans, es resultat d'una investigació en l'empresa AQUAQUEL, ubicada en el barri Inhagome en la ciutat de Quelimane-Mozambique. Se basá en analitzar el pes de la tilapia a través de la variabilitat dels paràmetres fisicoquímics en els estanys mediant tècniques estadístiques; per a això, s'ha dissenyat un experiment que possibilità una arreplegada de dades que han segut analitzats principalment per análisis de components principals, anàlisis de la variància, anàlisis discriminant de Fisher i per models lineals generals. Se constatà que, en aquella empresa, els estanys 2 i 4 presenten característiques ambientals similars i que la seua anomalia principal es la falta de claritat en les seues aigües. Per altra banda, els estanys 1 y 3 presenten dèficit de oxigen y la diferencia entre estos dos estanys resideix en els elevats nivells del pH presentat per el estany 3. Les tilapies amb pesos recomanables han sigut trobades en el estany 3, en tant que el estany 1 presenta pesos mes baixos, seguit per el estany 2.

Els pesos baixos observats en l'estany 1 poden estar associat a la influència conjunta de baixos nivells d'oxigen i del pH, en els estanys 2 i 4 als baixos nivells baixos de la transparència. Encara que l'estany 3 present pesos acceptables s'entén que aquest paràmetre pot ser millorat si s'estableix un mecanisme de millora de l'oxigen en el procés de cultiu, per açò, es recomana als conreadors de Aquaquel reduir la quantitat de les tilapies en els estanys 3 i 1, doncs, no havent-hi una altra raó, vam entendre que aquest problema és a causa d'assignació excessiva de tilapies en aquests estanys; d'altra banda, per als estanys 2 i 4, se suggereix que s'utilitze ració d'aliment adequada i en proporcions optimes, vist que la turbidessa evidenciada en aquests estanys ha sigut creada per tal desajustament, causant una concentració de microalgas en la superfície de l'aigua i dificultant la seua transparència.

Paraules claus: Estadístiques, tilapia, aqüicultura, paràmetres, estanys.

ABSTRACT

The work at hand is the result of a research at Aquaquel Company, located in Inhagome district in Quelimane City - Mozambique. This was to examine the weight of tilapia through the variability of physic- chemical parameters by statistics techniques; for that an experiment was designed to allow an acquiring data that were analyzed mainly by Principal Component Analysis, Analysis of Variance, Fisher Discriminant, and Lineal General Model.

For the studies at that company was observed that, tanks 2 and 4 have similar environmental characteristics, and its main anomaly is the lack of clarity in its waters. Moreover the tanks 1 and 3 have a deficit of oxygen and the difference between these two tanks is the high pH level presented by the tank 3. Tilapia with recommended weights has been found in the tank 3, and the tank 1 presented lower weights, followed by the tank 2. The low weights observed in tank 1 must be associated with the simultaneous influence of low oxygen and pH, in the tanks 2 and 4 the low transparency. Although the acceptable weights found in the tank 3 we hope that this parameter can be improved if a mechanism to improve the oxygen in the cultivation process. Therefore Aquaquel growers are advised to reduce the amount of tilapia in tank 3 and 1, we understood that this problem is due to excessive allocation of tilapia in these tanks; secondly, for tanks 2 and 4, it is suggested that adequate food must be used and in optimal proportions, because the turbidity evidenced in these tanks was created by such a gap, causing a concentration of algae in the water surface and hindering transparency.

Keywords: Statistics, Tilapia, Aquaculture, Parameters, Tanks.

Índice

CAPITULO I

1. INTRODUCCIÓN

Últimamente se nota un gran interés en el cultivo de especies marinas en case toda parte del mundo. Datos publicados por FAO (2010) indican que en el año de 2001 la acuicultura ha producido más de 48,4 millones de toneladas de pescado, lo que equivale a 61.4 billones de dólares. Además, consta que este sector tuvo un crecimiento medio de 9.2% por año desde 1970, mientras que la pesca por captura se ha presentado con solo una tasa de 1.4%. Datos recientes de la FAO, FAO(2014), indican que el consumo mundial per cápita de pescado se ha incrementado de 9.9 kg en los años 1960 a 19.2 kg en 2012, y esto se explica por la expansión de la producción pesquera y los métodos sofisticados aplicados para ella.

La acuicultura en Mozambique es considerada fuente de rendimiento para sostenibilidad del sector empresarial y familiar; el camarón y la tilapia, por ejemplo, son especies muy relevantes en la acuicultura en esta región del país. Esta actividad, además de contribuir a la dieta alimenticia de las familias mozambiqueñas, presenta significativas contribuciones para el crecimiento de la economía del país a través de exportaciones del pescado y de creación de puestos de trabajo en las empresas del sector pesquero.

Una situación negativa que afectó al desarrollo de la acuicultura en Mozambique es la actual crisis epidemiológica del camarón. Situaciones alarmantes fueron verificadas en estanques de cultivo de esta especie en la empresa Aquapesca, criando una amenaza en la sostenibilidad del sector industrial de pescado, el descenso de la contribución al PIB (Producto Interno Bruto) por pérdida del producto y consecuentemente de valores monetarios. Por ello, se paralizó el cultivo de camarón (la actividad principal de la empresa Aquapesca) [1], una situación que condicionó pérdidas de puestos de trabajo por gran parte de sus funcionarios. Por lo tanto, la empresa se sintió obligada a usar filosofías alternativas para minimizar las pérdidas, recorriendo al cultivo de tilapia.

El cultivo de la tilapia es también una actividad muy delicada, de muchos riesgos y que necesita de cuidados y controles regulares muy profundos, esto porque, el éxito en el

---

[1] http://www.fis.com/fis/worldnews/worldnews.asp?monthyear=10-2011&day=20&id=46913&l=s&country=&special=&ndb=1&df=1

cultivo de especies marinas depende del control de varios parámetros físico-químicos (Oxígeno, pH, Temperatura, Salinidad, Alcalinidad, Amoniaco, Nitrato, Nitrito, Fosforo, Turbidez, Silicio, Hierro, entre otros), estos, regulados de forma óptima, garantizan un ambiente estable e ideal para su cultivo. Una pequeña variación de uno de los parámetros físico-químicos (como es el caso de temperatura u oxígeno, por ejemplo) afecta al ambiente acuático, causando crisis que pueden llevar a la muerte de los peces (Alves y Mello,2007).

1.1 Descripción del Problema

La tilapia es actualmente la mejor opción para el cultivo en acuicultura en Mozambique[2]. Además de Aquapesca, estanques de cultivo de tilapia se pueden encontrar en Inhagome-Quelimane en la empresa Aquaquel y en otros locales de la provincia de Zambezia. Sin embargo, se teme que esta actividad sea practicada bajo condiciones de muchos riesgos.

Por el hecho de que la actividad sea prácticamente nueva en el país, se sospecha que haya una monitorización débil y un desconocimiento de la variación de los parámetros importantes que condicionan el ambiente acuático de la tilapia. Así que, en el presente trabajo se analiza el peso de la tilapia a través de la variabilidad de los parámetros físico-químicos que caracterizan el ambiente acuático en los estanques de cultivo de la empresa Aquaquel-Mozambique[3], para garantizar un conocimiento estadístico sobre la consecuencia de la variación del ecosistema en el bienestar de la tilapia.

El peso es un factor esencial en este y otros cultivos en acuicultura por varios motivos. En primer lugar es un indicador de la salud de la tilapia. Es también un indicador de su crecimiento que ayuda a reconocer el momento óptimo para la cosecha. Por último, desde el punto de vista de la productividad, el peso resulta factor esencial para la valoración económica de la industria.

---

[2] http://www.inaqua.gov.mz/Documentos/Estrategia/PlanoAquaComercial_CC12.pdf

[3] http://www.noticias.mozmaniacos.com/2013/03/zambezia-jovens-empreendedores-olocam-12-toneladas-de-peixe-no-mercado-nacional.html

Entendemos que mientras más informados estén los cultivadores de la tilapia sobre la variación, correlación e influencia de los parámetros que caracterizan el ambiente acuático en el cultivo de tilapias, estarán en condiciones para decidir cuándo, cómo y en qué situaciones sería más rentable incentivar el cultivo. Por lo tanto, se puede considerar la siguiente cuestión:

¿En qué medida podemos contribuir a explicar el peso de la tilapia a partir de la variabilidad de los parámetros físico-químicos que caracterizan el ambiente acuático de estas tilapias en la empresa Aquaquel en Quelimane-Mozambique?

1.2 Objetivos

1.2.1. Objetivo General

Analizar el peso de la tilapia a partir de la variabilidad de los parámetros físico-químicos que caracterizan el ambiente acuático en los estanques de cultivo de la empresa Aquaquel de Quelimane-Mozambique.

1.2.2. Objetivos Específicos

- Estudiar la estructura de correlación entre los parámetros físico-químicos
- Evaluar la variabilidad de cada parámetro físico-químico en cada estanque, periodo y en los días que se realizan el experimento.
- Discriminar los cuatro estanques de la empresa Aquaquel para evidenciar el grado de similitud/disimilitud entre estos estanques.
- Plantear un modelo estadístico capaz de describir y predecir el peso de la tilapia.

1.3. Metodología

La finalidad de este estudio es analizar el *peso*, el parámetro que determina la calidad y la salud de la tilapia cultivada en la empresa Aquaquel en la ciudad de Quelimane, a través del ambiente al que están expuestos en los estanques. Para ello, se diseñó un experimento el que se describen sus etapas a continuación:

1) Planificación del Experimento

Al comienzo, se pretendía realizar el estudio a través de datos históricos correspondientes al control continuo de la empresa. Sin embargo, este método no resulto viable, pues la estructura de los datos no correspondía a los requisitos exigidos en este trabajo. De hecho, se ha diseñado un experimento que definió la estructura adecuada (en vista a las técnicas estadísticas aplicadas). Para este propósito, nos hemos auxiliado a la estructura de obtención de datos sugeridas por Aves y Mello (2007)

2) Implementación del Experimento

El experimento ha sido realizado en el 6^0 y 7^0 mes de cultivo. Normalmente, sería ideal realizarlo en todo el proceso de cultivo (los 7 meses del cultivo) pero, por cuestiones financieras e indisponibilidad de los estanques en los primeros meses, la actividad ha sido realizada en los dos últimos meses de cultivo.

Para la implementación del experimento ha sido necesario cambiar el funcionamiento habitual de la empresa ya que los datos de control se realizaba de manera distinta a la que proponíamos. Una dificultad en la adquisición de algunos instrumentos de medición (el oximetro, por ejemplo) por su escasez en la provincia ha sido evidenciada. En lo que concierne al rigor de medición y obtención de los datos, ha sido garantizada por los funcionarios de la empresa y estudiantes de la "*Escola Superior de Ciencias Marinhas y Costeiras de la Universidade Eduardo Mondlane de Moçambique*". Así, para todo el proceso de biometría e interpretación de conceptos técnicos de acuicultura utilizados en este trabajo, hemos sido ayudados por estos dos grupos.

3) Informaciones obtenidas del experimento

Por la supervisión continua durante el experimento, no se evidenciaron grandes anomalías en la organización de los datos, por lo que se ha obtenido el formulario presentado en el anexo.

La estructura y organización de los datos se ha adoptado para el fácil manejo en los programas estadísticos utilizados (R, SPSS y Statgraphics) y obviamente, sin violar las condiciones para la aplicación de las técnicas estadísticas que ayudaron a lograr los objetivos presentados en 1.2.

4) Técnicas aplicadas en el Análisis de los datos

Después de obtener los datos a través del experimento diseñado, técnicas estadísticas fueron aplicadas, cada una para lograr un determinado objetivo, como describimos a continuación:

- Se aplicado un análisis de componentes principales (PCA) para estudiar la estructura de correlación de los datos;

- Un *Análisis de la varianza con medidas repetidas* para estudiar los cuatro parámetros físico-químicos en los cuatro estanques, periodos y día de realización del experimento.
- El *Análisis Discriminante de Fisher* se ha aplicado como forma de averiguar posibles similitudes entre los cuatro estanques en estudio. Esta técnica nos ha posibilitado averiguar las similitudes y diferencias entre el ambiente acuático proporcionado por los estanques de cultivo.

Finalmente,

- Se ha aplicado el Análisis de Regresión usando *Modelo Lineal General*, donde la variable respuesta es el *peso de la tilapia y los regresores son los 4 parámetros físico-químicos, estanque, periodo y día.*

CAPITULO II

2. DESCRIPCIÓN DE LOS DATOS

En la recogida de los datos, la empresa Aquaquel colaboró con la disponibilidad de sus estanques de cultivo, instrumentos de medición de los parámetros físico-químicos, de biometría y sus funcionarios para la realización del experimento. La empresa está ubicada en Inhagome, al este de la ciudad de Quelimane, muy cerca al estuario (como estrategia para aprovecharse de sus aguas). Empezó sus actividades en 2012 y tiene actualmente cuatro estanques de cultivo de tilapia; un de 1 hectárea, y los restantes de 0.5 hectáreas. Por las cantidades de tilapia cultivadas en el cautiverio (1500 a 2000 alevines[4] creados en cada estanque) se puede considerar que esta empresa se basa en un cultivo semi-intensivo.

La figura 2.1 a continuación ilustra el proceso de medición de los parámetros y de biometría en los cuatro estanques de la empresa Aquaquel.

Figura 2.1: Proceso de medición de los parámetros físico-químicos y de la biometría en los tanques de cultivo de la empresa Aquaquel

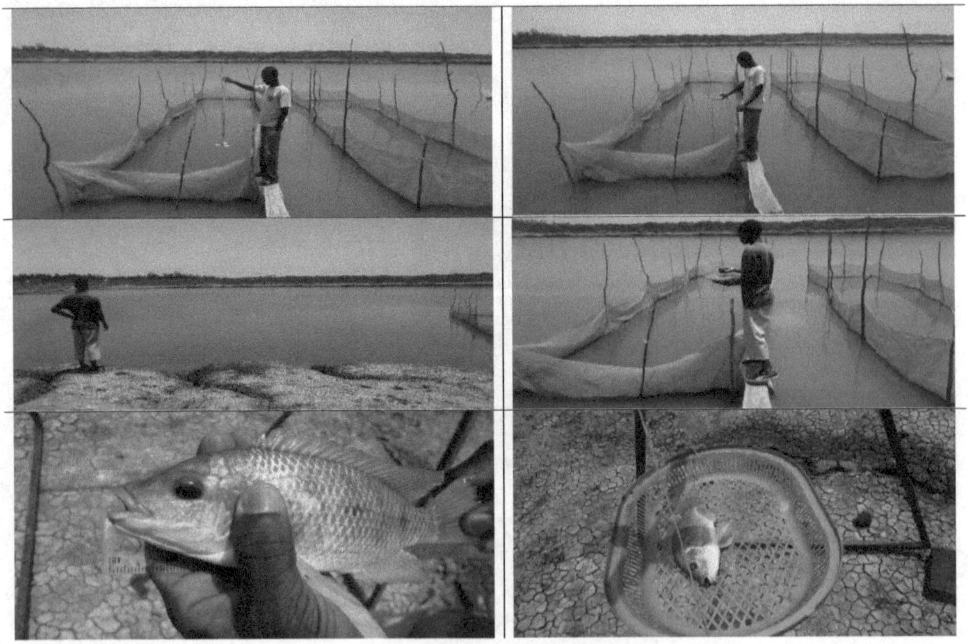

[4] Alevines son las crías de las especies marinas cultivadas en cautiverio.

Los datos obtenidos son originales (es decir, fueron obtenidos a partir de un experimento diseñado), recolectados y organizados principalmente para este estudio con el fin de contribuir en el desarrollo de la acuicultura en la empresa en particular y en el país en general.

El criterio de extracción de los datos se hizo según orientaciones de Alves y Mello (2007) que sugiere una medición de los parámetros físico-químicos de tres veces al día. Los datos del peso de las tilapias (obtenidos a través del proceso de biometría) se ha obtenido analizando la especie pescada en cada instante de medición de los parámetros, con vista a garantizar la correspondencia de los datos (entre los parámetros físico-químicos y el de biometría).

2.1 Estructura y uso de los datos

Cuando los alevines llegan a las *apas* (local de crecimiento y reproducción hasta que alcanza una edad ideal para llévaselas a los estanques de cultivo) suelen tener prácticamente el mismo peso, sin embargo, no siempre crecen y alcanzan pesos ideales durante el tiempo necesario de estancia en los estanques. Creemos que esto se puede explicar por el ambiente acuático al que las tilapias están expuestas. Por ello, se propuso en este trabajo un control riguroso del peso de dichas tilapias.

2.2 Datos numéricos

El experimento posibilitó la obtención de datos numéricos del peso y de los parámetros físico-químicos extraídos en los cuatro estanques de cultivo de la empresa Aquaquel, en intervalos de tiempo recomendados por los autores anteriormente citados en los días del experimento.

Con los instrumentos de medición como balanza, Termómetro, pH-Metro, Oxímetro y Disco de Secchi, se han medido el peso, la Temperatura, el Oxigeno, el pH y la Transparencia respectivamente. El peso es un parámetro biométrico y a través de el se ha valorado el índice de salud de la tilapia, este es considerado uno de los parámetros biométricos más importantes en el cultivo de tilapias, ya que es el indicador de la velocidad del crecimiento de la especie en el cultivo, el factor de decisión para la cosecha y la calidad en la valorización económica. A continuación, importa justificar la elección de los cuatro parámetros físico-químicos de entre varios existentes.

- **Oxígeno Disuelto**

Entre los parámetros físico-químicos es considerado el más importante en el cultivo de tilapias acuáticas.

Tabla 2.1.1: Efectos de cada intervalo de fluctuación de oxígeno

Oxígeno(mg/l)	Efectos
0 - 0.3	Los peces pequeños sobreviven en cortos períodos
0.3 - 2.0	Letal a exposiciones prolongadas
3.0 - 4.0	Los peces sobreviven pero crecen lentamente
> 4.5	Deseable para el crecimiento del pez

Las exposiciones de la especie a bajos valores de oxígeno, causan consecuencias graves, tales como: disminución de la tasa de crecimiento del animal, aumento a la conversión alimentaria (relación alimento/aumento de peso), se produce inapetencia y letargia, causa enfermedades a nivel de branquia, susceptibilidad a enfermedades y disminuye la capacidad reproductiva[5].

- **Temperatura**

De acuerdo con Vinatea (2004), la temperatura no es considerada un parámetro químico de calidad del agua, sino un factor físico. Es uno de los parámetros limitantes en una gran variedad de procesos biológicos, desde la velocidad de simples reacciones químicas hasta la distribución ecológica de la especie animal. Peces y camarones son animales pecilotermos y, al contrario de los mamíferos y aves, la temperatura de su sangre no está internamente regulada. En vista de eso, la temperatura ambiental tiene un profundo efecto sobre el crecimiento, tasa de alimentación y el metabolismo de dichos animales. Para Hardy (1981), los animales pecilotermos se encuentran subordinados a su ambiente, ya que su actividad y supervivencia están permanentemente sujetas a

[5] Estas informaciones se han extraído del Manual de Crianza de tilapia, disponible en www.alicorp.com.pe.

temperatura prevaleciente. Estos autores, coinciden que el nivel óptimo de temperatura para el cultivo de tilapias es de 26 a 32°c. Para Morales (1996), cuanto mayor sea la temperatura, mayor será la velocidad de crecimiento de los animales cultivados, siempre que las demás variables se conserven óptimas.

- **pH**

El pH posee un profundo efecto sobre el metabolismo y los procesos fisiológicos de todos los organismos acuáticos, además de influenciar en muchos procesos químicos (por ejemplo, en la disponibilidad de los nutrientes que están directamente relacionados con la productividad primaria).

El termino pH se refiere a la concentración de iones de hidrogeno (H^+) en el agua, indicando su grado de acidez o alcalinidad. Alves y Mello (2007) consideran que el nivel ideal de pH para el cultivo de tilapias marinas es de 7 a 9. Valores de pH fuera de este rango causan cambios en el comportamiento de los peces, como letargia, inapetencia y retraso del crecimiento y la reproducción.

- **Transparencia**

Este parámetro analiza el grado de transparencia del agua, es una medida inversa a la turbidez, esto es, en aguas muy transparentes se evidencian bajos niveles de turbidez. Los viveros con aguas muy transparentes poseen poco fitoplancton[6], lo que indica una limitada cantidad de alimento natural para la tilapia. Así que, este parámetro constituye un vector importante para el control de la alimentación natural de las tilapias en cautiverio. Para una buena producción, se considera como nivel ideal de transparencia de agua 40 a 60 cm[7]. Este parámetro se mide a través del Disco de Secchi (ver fig. 2.1) que consiste en sumergir el aparato en el agua hasta que el disco no se observe, y se observa el nivel del agua registrado.

---

[6] Producción de materia orgánica a partir de sales inorgánicos por microalgas a través del proceso de fotosíntesis. Alves e Mello(2007, p.32)

[7] Informaciones extraídas de " Manual para o Monitoramento Hidrobiológico em Fazendas de Cultivo de Camarão" Alves e Mello (2007).

- **Otros parámetros físico-químicos que no se han considerado en este estudio.**

Es relevante realzar que existen varios parámetros físico-químicos que se pueden medir en estanques de cultivo de tilapia, sin embargo, no todos ellos nos convenía considerar en este estudio. Se hizo un análisis preliminar, de selección de las variables que razonablemente pueden influenciar significativamente al peso de la tilapia y, las que pueden ser manipuladas en caso de detectarse cualquier anomalía. No se pretende transmitir la idea de que estos parámetros físico-químicos que no han sido considerados en este estudio no aportan información relevante para el manejo de tilapias, sino que si los consideráramos en el estudio proporcionaría una información redundante, por ejemplo, *amonio, nitrito, alcalinidad, dióxido de carbono, turbidez* tienen fuertes relaciones con *pH y oxígeno, temperatura y oxígeno, pH, oxígeno, transparencia* respectivamente[8].

2.3 Datos categóricos

Además de los datos numéricos, a los que nos hemos referido anteriormente, tenemos en el trabajo datos categóricos: las variables estanque, periodo de medición y semana.

Las variables estanque y periodo de medición son los factores del experimento. Los niveles del factor estanque son: Estanque 1, Estanque 2, Estanque 3 y Estanque 4, y los del factor periodo u hora de medición son: Periodo 1 (6 am), Periodo 2 (12 pm) y Periodo 3 (6 pm). En el análisis de la varianza estos factores han sido estudiados para averiguar su efecto en los parámetros físico-químicos, en el análisis discriminante el factor estanque ha sido considerado la categoría discriminatoria y en el modelo lineal general se han introducido como variables dummi en el modelo.

La variable semana ha sido obtenida de la categorización de factor cuantitativo *día del experimento*, dicha categorización se ha hecho para estudiar el efecto del tiempo (en este caso semanal) en el peso de la tilapia cultivada.

[8] Ver en Alves y Mello (2007) .

CAPITULO III

3. MARCO TEÓRICO

3.1. Preliminares

En este capítulo, pretendemos presentar teorías de técnicas estadísticas aplicadas en este trabajo estudiadas por diversos autores.

Presentaremos una base teórica relevante, pero sin grandes pormenores, que servirá de "puente" entre los objetivos trazados en el capítulo I y el análisis de los datos presentados en el capítulo IV.

La mayor parte de este texto es constituida por enfoques de diversos autores, que están citados al largo del texto y en la bibliografía final.

De entre varios autores consultados, destacamos a Romero y Zúnica (2013), referente a Diseño de Experimentos y ANOVA, contenidos obtenidos en su libro *Métodos estadísticos para ingenieros*; para el análisis *discriminante* nos apoyamos básicamente en Baíllo y Grané (2008) y Cuadras (2004) de sus libros titulados: *100 Ejercicios Resueltos de Estadística Multivariante (Implementados en Matlab)* y *Análisis Multivariante,* respectivamente.

3.2. Experimentación

La experimentación es actualmente una práctica muy importante para la investigación y desarrollo en varios campos de la ciencia. Una buena planificación e implementación, proporciona información de calidad que permita comprender mejor el sistema y tomar decisiones de cómo optimizarlo (Ferré y Rius, 2002).

El diseño de experimentos se refiere a la planificación de la actividad, es una fase crucial donde se deben identificar todos los elementos (controlables o no) del experimento, que destacamos a continuación:

- **Variable respuesta:** Es la variable aleatoria que se mide en cada observación del experimento, definida en todos los tratamientos (poblaciones) estudiados y es el objeto de estudio.
- **Factor:** Es la característica del grupo o la causa que se supone que influencia en la variable respuesta, y en función de cómo se presente se define los tratamientos (poblaciones) en estudio.

- **Variantes o nivel del factor:** son las alternativas consideradas para el factor y que definen los tratamientos. Si estas alternativas son cualidades, las llamamos *variantes*, si son cantidades, por *niveles*.
- **Efectos de un factor:** se dice que el factor tiene *efecto sobre las medias* si las medias de las dos poblaciones son distintas.

3.3. *Análisis de la Variancia (ANOVA)*

Tras la planificar e implementar el experimento, cabe analizarlo. La técnica estadística utilizada para ello es el Análisis de la Varianza.

3.3.1. Concepto general

El análisis de la varianza (ANOVA en inglés) es una técnica estadística relevante y aplicada desde los problemas más sencillos, como la de comparación de las poblaciones hasta los más complicados, como el estudio simultáneo de los efectos que un conjunto de varios factores y sus interacciones tienen sobre una determinada variable respuesta (Romero y Zúnica, 2013).

El ANOVA se desarrolló básicamente como un procedimiento para estudiar posibles efectos de los factores sobre las medias de las poblaciones implicadas, sin embargo, es posible generalizarlo para estudiar posibles efectos sobre las varianzas de dichas poblaciones.

Si se constata que las medias de una determinada variable respuesta de dos poblaciones son iguales, se dice que el factor no tiene efecto sobre la media.

Análogamente, se dice que el factor no tiene *efecto sobre la varianza* si las varianzas de dos poblaciones no son significantemente diferentes.

En caso de factores con más de dos niveles o variantes, el concepto de efecto de un factor pierde sentido, pero, se puede hablar del efecto del factor a un determinado nivel o variante.

El efecto de la variante i de un factor puede ser determinado por la fórmula:

$$Ef_i = m_i - m_{..} \tag{3.1}$$

Donde:

$Ef_{i.}$ = efecto del factor I

$m_i = \sum_{j=1}^{J}/J$ es la media poblacional de todos posibles resultados obtenidos en todas las pruebas en que el factor I estaba al nivel i.

$m_{..}$ es la media general de todas las pruebas.

3.3.2. Estudio Multifactorial

3.3.2.1. Plan Factorial Equilibrado

En muchos casos, el número de factores de los que pretendemos estudiar su influencia sobre una determinada variable respuesta es superior a uno. En general, sea un estudio en el que se desea estudiar los efectos de k factores sobre una (o más) variable(s) respuesta.

Factor 1: se plantean n_1 niveles o variantes

Factor 2: se plantean n_2 niveles o variantes

...

Factor k: se plantean n_k niveles o variantes

En este caso, el conjunto de condiciones diferentes a plantear será $n_1 * n_2 * \ldots * n_k$, y a cada una de las condiciones las llamamos **tratamiento** y le corresponde una determinada población.

Un plan factorial se denomina equilibrado (o balanceado) si para cada condición se dispone de un mismo número n_r de datos (Romero y Zúnica, 2013).

Si $n_r = 1$ el plan factorial se denomina no replicado.

Las técnicas para el análisis de planes Factoriales Equilibrados, son las que mejoraron el método tradicional de experimentación, que consistía en variar un factor cada vez, es decir, a partir de unas condiciones iniciales, se realizaban experimentos en que todos los factores se mantenían constantes excepto el que se estaba estudiando (Box y Hunter, 1989). El Plan Factorial Equilibrado presenta una simplicidad en los cálculos necesarios y subsana el mayor inconveniente del método tradicional haciendo que todos los efectos de los factores e interacciones sean estudiados sin que se confundan entre sí.

3.3.2.2. ortogonalidad de factores

Ortogonalidad entre efectos simples (factores **FI, FJ**)

En cada una de las I variantes de FI aparecen en idénticas proporciones las *J* variantes de FJ. Las estimaciones obtenidas para los efectos simples de un factor **no** vienen afectadas por los posibles efectos simples de los restantes factores, lo que permite separar los efectos simples de los factores estudiados.

3.3.3. Análisis de efectos sobre la varianza

Tal como realizamos un ANOVA para analizar el efecto de los factores sobre la media de una variable respuesta, se puede también llevar a cabo este análisis de forma simple, realizando un nuevo ANOVA, en que la variable respuesta sea el cuadrado de los residuos obtenidos del análisis de la varianza que estudia los efectos de la media.. Estos residuos, no son en este caso más que las diferencias entre cada dato y la media de cada tratamiento correspondiente.

3.3.4. Análisis de la varianza con medidas repetidas

Cuando en un experimento tenemos al menos un factor *intra-sujetos* o con *medidas repetidas* el procedimiento de análisis recomendado es un ANOVA con medidas repetidas. En los factores inter-sujetos o completamente aleatorizados a cada nivel del factor se le corresponde un grupo diferente de sujetos, sin embargo, a los factores intra-sujetos todos los niveles del factor se aplican a los mismos sujetos.

En un diseño de experimentos con medidas repetidas se requiere menos sujetos que en un diseño completamente aleatorizado y permite eliminar la variación residual debida a las diferencias entre los sujetos.

3.4. Análisis de componentes Principales

El Análisis de Componentes Principales (Principal Component Analysis (PCA) en inglés) es la técnica estadística que analiza un conjunto de observaciones que presentan una estructura alta de correlación entre ellas. En muchos sentidos constituye la base para el análisis multivariante de datos (Esbensen y Geladi, 1987).

El análisis de componentes principales consiste en obtener una aproximación de la matriz de datos originales X en términos de producto de dos pequeñas matrices T - de las puntuaciones (*escores*) y P′ - de los pesos (*loadings*). Los escores y loadings son la parte esencial de la variabilidad de los datos originales X. Los escores (T) presentan el patrón de los individuos de X en las nuevas coordenadas. Asi mismo, la matriz P′ expresa el patrón de las variables de X en las nuevas coordenadas latentes.

La expresión de T que relaciona la matriz de los datos originales y los pesos es:

$$T=X*P \tag{3.2}$$

La expresión 3.3 (representada en la forma matricial), indica que los escores T son una transformación lineal de las variables originales X, o sea, el valor de cada observación en la nueva coordenada latente es expresado por:

$$t_j = X * p_j \qquad j = 1,2,\ldots,p \tag{3.3}$$

Donde p es el número de componentes principales a determinadas para el modelo. Suele suponerse que la matriz X es centrada, esto es, $X = X' - 1\bar{x}$, donde X' representa a los datos no centrados, $\bar{x}$ es la media de X y 1 es una matriz de igual dimensión que la matriz X y que todos sus elementos son 1s. La matriz X es, por tanto, representado por la siguiente expresión:

$$X=TP'+E \tag{3.4}$$

E conlleva la parte de la variabilidad de la matriz X no explicada por el modelo PCA.

El objeto de la aplicación del análisis de componentes principales es de reducir la dimensión de los dados originales (la matriz X) sin gran pérdida de información. Algunos criterios son a menudo aplicados para lograr este objetivo, 3 de ellos presentamos a continuación:

1. **Porcentaje Explicado**: Es el método más sencillo. Consiste en fijar un porcentaje de variabilidad explicado, por ejemplo el 90%, y considerar las sucesivas componentes principales hasta superar el porcentaje prefijado.

2. **Criterio de Kaiser**. Se incluyen aquellas componentes cuyos auto-valores sean mayores que $\bar{\lambda} = tr(S)/p$, o bien mayores que 1 si se han calculado las componentes a partir de la matriz de correlación R.
3. **Modificación de Jollife**. Se ha comprobado que cuando $p \leq 20$ el criterio de Kaiser tiende a incluir pocas componentes. La modificación de Jollife excluye aquellas componentes cuyos auto-valores sean menores que $0.7\bar{\lambda} = 0.7tr(S)/p$, o bien menores que 0.7 si se han calculado las componentes a partir de la matriz de correlación R.

Escalado y centralización de las variables

Los resultados del análisis de componentes principales son influenciados por el efecto de medición y de escala de las variables originales. A menudo las variables medidas en cualquier proceso suelen tener medidas diferentes, las unidades de unas puede ser el kg las de otras metros, etc. Por ello, algunas componentes pueden revelarse más importantes que las demás cuando en realidad su importancia es causada por estos aspectos. Para subsanar este inconveniente, el escalado de los datos es aplicado.

El escalado de la varianza consiste en dividir todos los valores centrados de la variable por su desviación típica (tipificar las variables). En ciertas circunstancias se puede decidir que determinadas variables tengan menos importancia que las otras y que no influencien tanto en el modelo, entonces, estas son atribuidas un peso menor.

Un método diferente al anterior pero que proporciona el mismo resultado es la aplicación de la matriz de correlación (R) en la determinación de las componentes principales en substitución de la matriz de varianza-covarianza (S).

3.5. Análisis Discriminante de Fisher

3.5.1. Concepto general

Supongamos que tenemos varias poblaciones conocidas $\Omega_1, \dots, \Omega_g$, en cada una de las cuales observamos una muestra de cierto vector de interés $X = (X_1, \dots, X_p)'$. El análisis discriminante se ocupa en describir, mediante las variables X_i, recursos deferenciales entre las poblaciones. Se buscan *funciones discriminantes* o *reglas de decisión* $h =$

$h(x_1, \ldots, x_p)'$ en una población Ω_i que minimizan la tasa del error en dicha asignación. La más conocida es la regla de *discriminante lineal de Fisher*, donde h es una función lineal de x.

El problema de clasificación, como su nombre indica, trata de clasificar una nueva observación x, en algunas de las poblaciones Ω_i. Para eso se utilizarán las funciones discriminantes construidas a partir de la muestra.

3.5.2. Clasificación en dos poblaciones

Sean μ_1, μ_2 los vectores de medias de las poblaciones Ω_1, Ω_2, respectivamente. Sea Σ la matriz de covarianzas común para ambas poblaciones. Sea ω el individuo a clasificar, para el cual se ha observado x= $(x_1, \ldots, x_p)'$

El criterio geométrico, consiste en asignar el individuo ω a la población más cercana, utilizando la distancia de Mahalanobis:

$$\delta_M^2(\mathrm{x}, \mu_i) = (\mathrm{x} - \mu_i)'\Sigma^{-1}(\mathrm{x} - \mu_i), \qquad i = 1,2.$$

La regla de decisión es la siguiente:

ω se asigna a Ω_1 si $\delta_M^2(\mathrm{x}, \mu_1) < \delta_M^2(\mathrm{x}, \mu_2)$,

ω se asigna a Ω_2 en caso contrario.

A partir de la diferencia $\delta_M^2(\mathrm{x}, \mu_2) - \delta_M^2(\mathrm{x}, \mu_1)$, se construye la función discriminante lineal:

$$L(\mathrm{x}) = \left(\mathrm{x} - \frac{1}{2}(\mu_1 - \mu_2)\right)' \Sigma^{-1}(\mu_1 - \mu_2)$$

Se expresa la regla de decisión en función de la siguiente manera:

ω se asigna en Ω_1 si $L(\mathrm{x}) > 0$

En caso contrario, se asigna ω en Ω_2.

Esta función discriminante es el *discriminante lineal de Fisher*. .

3.4.3. Clasificación en poblaciones normales.

Supongamos que la distribución de $X_1, \ldots, X_p$ en Ω_1 es $N_p(\mu_1, \Sigma_1)$ y en Ω_2 es $N_p(\mu_2, \Sigma_2)$, esto es:

$$f_i = (2\pi)^{-p/2}|\Sigma_i|^{1/2}\exp\{-\tfrac{1}{2}(x-\mu_i)'^{\Sigma_i^{-1}}(x-\mu_i)\}. \quad (3.5)$$

3.4.3.1. Clasificador Lineal

Si suponemos $\mu_1 \neq \mu_2$. $\Sigma_1 = \Sigma_2 = \boldsymbol{\Sigma}$, entonces:

$$V(x) = -\tfrac{1}{2}(x-\mu_1)'\Sigma^{-1}(x-\mu_1) + \tfrac{1}{2}(x-\mu_2)\Sigma^{-1}(x-\mu_2) = L(x), \quad (3.6)$$

Son por tanto, los discriminadores de máxima verosimilitud y lineal respectivamente. El segundo se basa en el criterio de mínima distancia y ambos coinciden.

Sea α la distancia de Mahalanobis entre las dos poblaciones:

$$\alpha = (\mu_1 - \mu_2)\Sigma^{-1}(\mu_1 - \mu_2). \quad (3.7)$$

Si suponemos que x proviene de $N_p(\mu_2, \boldsymbol{\Sigma})$, de $x - \mu_1 = x - \mu_2 + \mu_2 - \mu_1$, y de

$E(x-\mu_2)(x-\mu_2)' = \boldsymbol{\Sigma}$, $(x-\mu_2)'\Sigma^{-1}(x-\mu_2) \sim \chi_p^2$, tenemos que la esperanza matemática de

$U = (x-\mu_1)'\Sigma^{-1}(x-\mu_1)$ es:

$$E(U) = E((x-\mu_2)'\Sigma^{-1}(x-\mu_2) + \propto + 2(x-\mu_2)'\Sigma^{-1}(\mu_2-\mu_1)) = p + \alpha. \quad (3.8)$$

y la varianza de $V(x) = (x-\mu_2)'\Sigma^{-1}(x-\mu_2)$ es la misma que la de $L(x)$ y es:

$$var(V) = E((\mu_2-\mu_1)'\Sigma^{-1}(x-\mu_2)(x-\mu_2)'\Sigma^{-1}(\mu_2-\mu_1)) = \alpha. \quad (3.9)$$

Entonces encontramos fácilmente la distribución de la función discriminante $L(x)$:

$$L(x)\ es\ N\left(+\tfrac{1}{2}\alpha, \alpha\right) si\ x\ proviene\ de\ N_p(\mu_1, \boldsymbol{\Sigma}) \quad (3.10)$$

$$L(x)\ es\ N\left(-\tfrac{1}{2}\alpha, \tfrac{1}{2}\alpha\right) si\ x\ proviene\ de\ N_p(\mu_2, \boldsymbol{\Sigma}) \quad (3.11)$$

3.4.3.2. Regla de Bayes

Si supongamos $\mu_1 \neq \mu_2$. $\Sigma_1 = \Sigma_2 = \boldsymbol{\Sigma}$, y conocemos la probabilidad a priori $q_1 = P(\Omega_1)$,

$q_2 = P(\Omega_2)$, entonces es fácil ver que:

$$B(x) = L(x) + \log({}^{q_1}/_{q_2}), \tag{3.12}$$

y la función discriminante de Bayes es el discriminante lineal más la constante $\log({}^{q_1}/_{q_2})$.

3.4.3.3. Probabilidad de errores de clasificación

La probabilidad de asignar x a Ω_2 cuando proviene de $N_p(\mu_1, \boldsymbol{\Sigma})$ es:

$$P(L(x) < 0|\Omega_1) = P\left(\frac{L(x)-\frac{1}{2}\alpha}{\sqrt{\alpha}}\right) = \Phi(-\tfrac{1}{2}\sqrt{\alpha}), \tag{3.13}$$

Donde $\Phi(z)$ es la función de distribución $N(0,1)$. La probabilidad del error de clasificación es:

$$pce = q_1 P(L(x) < 0|\Omega_1) + q_2 P(L(x) > 0|\Omega_2) = \Phi(-\tfrac{1}{2}\sqrt{\alpha}), \tag{3.14}$$

Por tanto pce es una función decreciente de la distancia de Mahalanobis α entre las dos poblaciones.

3.4.3.4. Discriminador Cuadrático

Supongamos que $\mu_1 \neq \mu_2$. $\Sigma_1 \neq \Sigma_2$. Entonces el criterio de máxima verosimilitud proporciona el discriminador:

$$Q(x) = \tfrac{1}{2}x'({\Sigma_2}^{-1} - {\Sigma_1}^{-1})x + x'({\Sigma_1}^{-1}\mu_1 - {\Sigma_2}^{-1}\mu_2) + \tfrac{1}{2}\mu_2'{\Sigma_2}^{-1}\mu_2 - \tfrac{1}{2}\mu_1'{\Sigma_2}^{-1}\mu_2 + \tfrac{1}{2}\log|\Sigma_2| - \tfrac{1}{2}\log|\Sigma_1|$$

(3.15)

$Q(x)$ es el discriminador cuadrático. Análogamente podemos obtener el discriminador cuadrático de Bayes:

$$B(x) = Q(x) + \log({}^{q_1}/_{q_2}). \tag{3.16}$$

3.4.3.5. Clasificación cuando los parámetros son estimados

En las aplicaciones prácticas, μ_1, μ_2, Σ_1, Σ_2 son desconocidos y deberían ser estimados a partir de muestras de tamaño n_1, n_2 de las dos poblaciones substituyendo μ_1, μ_2 por los vectores de media $\bar{x}_1, \bar{x}_2$, y Σ_1, Σ_2 por las matrices de covarianzas S_1, S_2. Si utilizamos el estimador linear, entonces la estimación de $\boldsymbol{\Sigma}$ será:

$$S = (n_1 S_1 + n_2 S_2)/(n_1 + n_2) \tag{3.17}$$

y, la versión del discriminador linear de la muestra es:

$$\hat{L}(x) = \left[x - \tfrac{1}{2}(\bar{x}_1 + \bar{x}_2)\right]' S^{-1}(\bar{x}_1 - \bar{x}_2). \tag{3.18}$$

La distribución muestral de $\hat{L}(x)$ es bastante complicada, pero la distribución asintótica es normal:

$$\hat{L}(x)\ es\ N\left(+\tfrac{1}{2}\alpha, \alpha\right) \text{ si x proviene de } N_p(\mu_1, \boldsymbol{\Sigma}), \tag{3.19}$$

$$\hat{L}(x)\ es\ N\left(-\tfrac{1}{2}\alpha, \tfrac{1}{2}\alpha\right) \text{ si x proviene de } N_p(\mu_2, \boldsymbol{\Sigma}). \tag{3.20}$$

Donde $\alpha = (\bar{x}_1 - \bar{x}_2)' S^{-1}(\bar{x}_1 - \bar{x}_2)$.

3.6. Modelo Lineal General

Sea $y=(y_1, y_2, y_3, \ldots, y_n)$ un vector aleatorio y X una matriz n*k tal que k<n de constantes conocidas (valores de las variables explicativas) con i=1,…, n; j=1,...,k. Y sea β un vector desconocido de escalares, el vector $y=(y_1, y_2, y_3, \ldots, y_n)$ sigue un modelo lineal general si se puede escribir de la siguiente forma:

$$y=\beta * X' + \varepsilon \tag{3.21}$$

Donde $\varepsilon=(\varepsilon_1, \varepsilon_2, \ldots, \varepsilon_n)$ es un vector de variables aleatorias no medibles y además cumplen que $E[\varepsilon_i] = 0$ (la medias de los residuos es cero)

Se asume que las variables del vector $\varepsilon = (\varepsilon_1, \varepsilon_2, \ldots, \varepsilon_n)$ cumplen:

- Son independientes
- Siguen un distribución normal
- Todas tienen la misma varianza σ^2 (homocedasticidad) .
- $E[\varepsilon_i] = 0$ (media cero).

En la expresión 3.28 la variable y se denomina respuesta (endógena) y cada variable x_i que constituyen la matriz X se denominan explicativas (exógenas).

La relación de causalidad entre estas variables es unidireccional, es decir, las variables exógenas pueden influir en las endógenas, pero no a la inversa.

La expresión 3.21 puede ser representada en la forma matricial de la siguiente forma:

$$(y_1, y_2, \ldots, y_n) = (\beta_1, \beta_2, \ldots, \beta_n) * \begin{bmatrix} a_{11} & \cdots & a_{n1} \\ \vdots & \ddots & \vdots \\ a_{1k} & \cdots & a_{nk} \end{bmatrix} + (\varepsilon_1, \varepsilon_2, \ldots, \varepsilon_n) \qquad (3.22)$$

3.6.1. Estimación de los parámetros del Modelo por el método de mínimos cuadrados ordinarios

Considerando la expresión matricial 3.22 el objetivo ahora es obtener la expresión analítica de mínimo cuadrático ordinario de β. Para ello, se define el vector de residuos de tamaño (n*1) como la diferencia entre el valor real de la endógena y su valor ajustado por el modelo:

$$\bar{\varepsilon} = Y - \hat{Y} \qquad \hat{Y} = X\hat{\beta} \qquad (3.23)$$

La función objetivo es minimizar la suma de cuadrados de los residuos con respecto a los valores de k parámetros.

$$\text{Min} \sum_{i=1}^{n} \hat{\varepsilon}_i^2 = \min \hat{\varepsilon}'\varepsilon = \min(Y - X\hat{\beta})'(Y - X\hat{\beta}) \qquad (3.24)$$

Operando en la función objetivo, tenemos:

$$\text{Min } Y'Y - \hat{\beta}'X'Y - Y'X\hat{\beta} + \hat{\beta}'X'X\hat{\beta} \qquad (3.25)$$

Donde el segundo y el tercer término son iguales, solamente uno es el transpuesto del otro, reagrupando obtenemos que:

$$\text{Min } Y'Y - 2\hat{\beta}'X'Y + \hat{\beta}'X'X\hat{\beta} \qquad (3.26)$$

En este proceso consideramos la siguiente condición de primer orden:

$$\frac{\partial \hat{\varepsilon}'\hat{\varepsilon}}{\partial \hat{\beta}} = -2X'Y + 2X'X\hat{\beta} = 0 \qquad (3.27)$$

La solución analítica a las condiciones de primer orden es:

$$X'X\hat{\beta} = X'Y \qquad (3.28)$$

Que forma un sistema de k ecuaciones con k incógnitas, donde se determinan los estimadores $\hat{\beta}_1, \ldots, \hat{\beta}_k$ del modelo.

3.6.2. Propiedad estadística del estimador mínimos cuadrados ordinarios (MCO)

1) Linealidad

El estimador MCO de β es lineal. La linealidad consiste en poder escribir el estimador como una combinación lineal fija de los valores de la variable endógena.

$$\hat{\beta} = WY, W = (X'X)^{-1}X'Y \quad (3.29)$$

2) *Insesgadez*

El estimados MCO de β es insesgado. Es decir, la media de la distribución muestral del estimador de β coincide con el verdadero β.

Si la $E(\hat{\beta}) \neq \beta$, las estimaciones que conseguimos con el estimador no son iguales al verdadero vector de parámetros ni siquiera en media. A la diferencia $E(\hat{\beta}) - \beta$ se le denomina sesgo.

3) *Eficiencia*

El estimador MCO de β es eficiente. Es decir, tiene varianza minima dentro de la familia de estimadores lineales insesgados de β.

3.6.3. Bondad de Ajuste

1) *Suma de Cuadrados Residuales (SCR)*

La suma de cuadrados de residuos (SCR) puede ser una medida de bondad de ajuste. No obstante, esta no es una buena medida, ya que los residuos tienen escala y esta suma cambia ante un simple cambio de escala en los datos de la endógena. Además, la SCR como mínimo es nula, pero su máximo no está acotado. Si queremos una medida adimensional y acotada se puede definir un ratio de suma de cuadrados.

2) *Coeficiente de determinación*

La medida de ajuste más conocido es el R-cuadrado, R^2 o el coeficiente de determinación del modelo, y viene determinado por:

$$R^2 = \frac{SE}{ST} = 1 - \frac{SR}{ST} \quad (3.30)$$

Donde ST = SE + SR. La ST es la suma de cuadrados de la endógena alrededor de su media, la SE es la suma de cuadrados de la variable ajustada y la SR es la suma de cuadrados de los residuos MCO.

El valor de R-cuadrado multiplicado por 100, se interpreta como el porcentaje de la varianza de la endógena que queda explicada por el modelo.

El R-cuadrado está acotado entre 0 y 1. Cuando es 0, el ajuste es nulo, ya que la SE=0, cuando es 1, el ajuste es perfecto, ya que la SR=0.

Ajustes intermedios daría lugar a un R^2=0.50, en este caso un 50% de la variabilidad de la endógena queda explicada por los regresores incluidos en el modelo.

El R^2 tiene sus limitaciones. Una que vale la pena destacar es que este estadístico nunca empeora cuando en el modelo introducimos variables explicativas adicionales. Es decir, aunque una nueva variable no sea muy relevante, su incorporación hace que, en el peor de los casos, el R^2 no cambie, o bien, con un poco de suerte, aumente. Por tanto, la inclusión de variables explicativas irrelevantes en el modelo no empeora el R^2.

Para subsanar este inconveniente, suele aplicarse el R^2 ajustado o corregido de grados de libertad que se calcula como:

$$R_{aj}^2 = 1 - \frac{n-1}{n-k}(1 - R^2) \qquad (3.31)$$

Si el efecto negativo de meter una variable en el modelo es mayor que el positivo, el R^2 corregido bajará y no compensaría introducir el nuevo regresor.

Si el efecto positivo es mayor que el negativo, compensa introducir el nuevo regresor pese a la perdida de grados de libertad.

CAPITULO IV.

4. RESULTADOS E INTERPRETACIÓN

4.1. Introducción

En este capítulo se presentan los resultados del trabajo obtenidos a través de las técnicas estadísticas presentadas en el capítulo anterior. Con cada una de estas técnicas cabe esperar que se pueda cumplir uno de los objetivos planteados en el punto 1.3 del trabajo.

En primer lugar, analizamos las correlaciones entre los cuatro parámetros físico-químicos que caracterizan el ambiente acuático en el cultivo de tilapias en la Empresa Aquaquel. Se trató de estudiar la estructura de correlaciones de dichos parámetros a través de un PCA (Análisis de Componentes Principales) para identificar la magnitud y el sentido de correlación entre los parámetros.

En segundo lugar, se estudia la evolución diaria, en los cuatro estanques y en cada periodo de medición de parámetros físico-químicos. Considerando el método de adquisición de los datos (datos repetidos en el factor periodo), se aplicó un ANOVA con medidas repetidas para estudiar la influencia de los factores *periodo de medición, día* y *estanque* sobre los cuatro parámetros físico-químicos, siendo el factor día una covariable y los demás son factores categóricos.

El Análisis discriminante de Fisher ha sido aplicado para estudiar las similitudes ambientales de los cuatro estanques de la empresa Aquaquel y para predecir nuevas observaciones.

Con objeto de estudiar la influencia de los parámetros físico-químicos y los factores descritos anteriormente sobre el peso de la tilapia en el periodo del experimento (6^0 y 7^0 mes), un modelo lineal general (MLG) ha sido ajustado.

4.2. Análisis de correlación de los parámetros físico-químicos

El análisis de componentes principales (PCA) suele aplicarse con objeto de reducir la dimensión de un conjunto de datos sin gran pérdida de información (aprovechándose de su estructura de correlación) . Las nuevas variables latentes obtenidas se llaman *escores* o *puntuaciones* y son una combinación lineal del conjunto de las variables originales.

En este trabajo se estudia el modelo PCA con solamente cuatro variables originales (los parámetros físico-químicos), por tanto, el PCA no se ha aplicado con objeto de reducir la dimensión de los datos, sino para estudiar la estructura de correlación de los parámetros físico-químicos. Esto resulta relevante ya que la manipulación de un parámetro puede influenciar al otro.

El PCA ha sido ajustado a través de matriz de correlaciones (ver cap.3), esto significa que el efecto escala y unidad de medición no influyen en los resultados obtenidos.

Tabla 4.1: Varianza explicada

Componente	Autovalores iniciales		
	Total	% de varianza	% acumulado
1	1,573	39,325	39,325
2	1,102	27,546	66,871
3	,862	21,544	88,415
4	,463	11,585	100,000

La tabla 4.1 presenta la variabilidad de las componentes principales determinadas. Las componentes 1 y 2 presentan autovalores mayores que 1 y acumulan una variabilidad de 66,87% de las variables originales. Por el criterio de kayser (ver cap. 3) y en vista al objetivo planteado, se consideran para este modelo las dos primeras componentes (componente 1 y 2).

$$t_1 = 0{,}358*\text{Temp(0C)} - 0{,}773*\text{Oxig(ml/l)} + 0{,}321*\text{pH} + 0{,}862*\text{Transp (cm)} \quad (4.1)$$
$$t_2 = 0{,}680*\text{Temp(0C)} + 0{,}440*\text{Oxig(ml/l)} + 0{,}654*\text{pH} - 0{,}132*\text{Transp (cm)} \quad (4.2)$$

Donde t_1, t_2 son las componentes principales determinadas (las nuevas variables latentes).

Para mejor comprender la relación entre los parámetros físico-químicos en las dos componentes, una rotación varimax ha sido aplicada

Tabla 4.2: Factor Matriz de Carga Después de Varimax Rotación

	Factor 1	Factor 2
Temp_0C_	0,0574275	0,766873
Oxig_ml_l_	-0,884487	0,0951788
pH	0,0337564	0,727985
Transpar de Agua_cm_	0,843433	0,222692

Los parámetros físico-químicos han sido estandarizados (ya que se trabajó con la matriz de correlación al determinar las componentes), a ser así, los coeficientes asociados a dichos parámetros en las dos expresiones indican el peso (*loading*) que cada parámetro ejerce sobre la componente correspondiente y los signos indican el sentido de la influencia (positiva o negativa).

Considerando el peso y el signo de cada variable en cada componente las relaciones más evidentes en cada componente son:

Tabla.4.3: Características de los escores.

t_1: Relación inversa entre oxígeno y la transparencia
t_2: Relación directa entre temperatura y el pH

Para visualizar estas relaciones, se presenta en la fig.4.1 el gráfico de carga de las componentes determinadas.

Figura 4.1: Gráfico de carga de las componentes

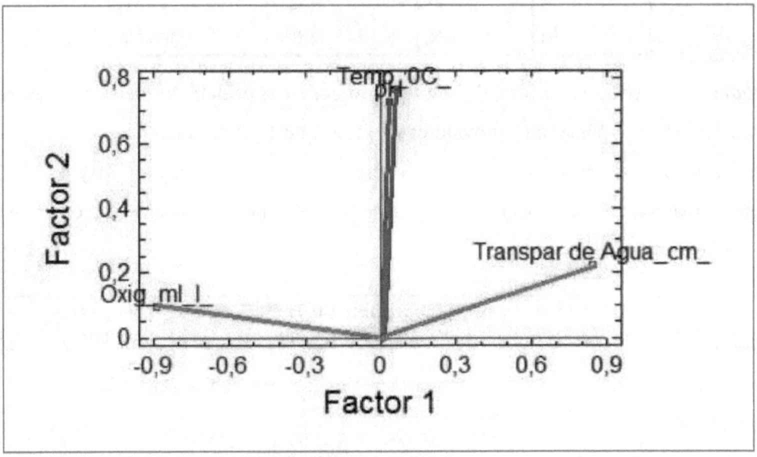

Los resultados del PCA referente a los pesos y los signos de los parámetros físico-químicos en las dos componentes consideradas para el modelo, indican que los parámetros *oxígeno* y *transparencia* son inversamente proporcionales y la *temperatura* y el *pH* son directamente proporcionales.

Resulta relevante considerar este aspecto en el manejo de procesos en acuicultura, ya que manipular uno de los parámetros físico-químicos implicaría, indirectamente, manipular el otro. Por tanto, los resultados indican que si se adopta un mecanismo en el proceso para mejorar el oxígeno, por ejemplo, ha de analizarse hasta qué punto se aceptaría bajar los niveles de la transparencia. Por otro lado, adoptar mecanismos para elevar la temperatura en los estanques de cultivo, implicaría asumir niveles altos del pH, considerando los niveles óptimos del pH para que el agua no registre niveles altos de alcalinidad.

4.2.1. Diagnóstico de Observaciones atípicas

El gráfico T^2 de Hotelling presentado en la figura 4.2 presenta tres observaciones atípicas severas correspondientes a las filas 327, 329 y 330 de la base de datos.

Figura 4.2. Diagnóstico de observaciones atípicas

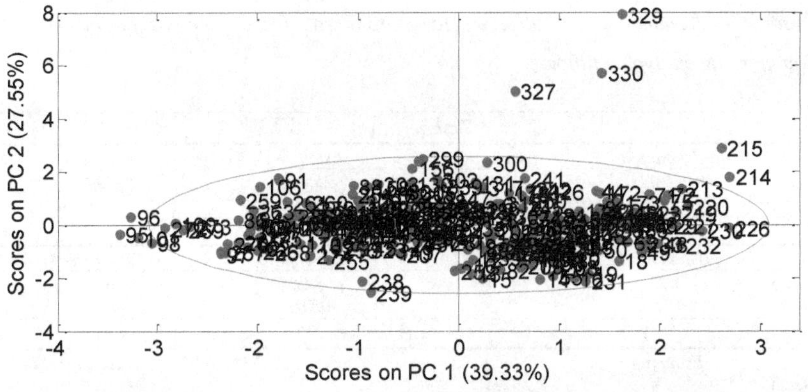

Los límites de control del gráfico ha sido considerado un nivel de confianza de 95%. El grafico en la figura 4.2 muestra que las observaciones 329, 330 y 327 están, en este orden, muy distanciadas de las demás. Las observaciones 329 y 330 presentan un pH de 11,2 y 10,0 respectivamente (muy por encima de la media 7,75), la observación 327 presenta valores altos de la temperatura (37,2^{0}c) y de oxígeno (8,8ml/l) (temperatura media=25,01^{0}c y oxígeno medio=5,27 ml/l). Por presentar estas observaciones valores muy elevados de los parámetros mencionados, las consideramos *atípicas*.

El análisis del PCA sin dichas observaciones ha sido considerado, aunque no se evidencian cambios importantes en la variabilidad explicada de las componentes, tan poco en la estructura de correlación de los parámetros físico-químicos. Considerando este aspecto y asociando el hecho de que la ausencia de dichas observaciones causa un desequilibrio en los factores estudiados (explicaremos en el siguiente apartado), no es conveniente quitar los atípicos del estudio.

4.3. Análisis de la Variabilidad de los parámetros físico-químicos

En este apartado se presentan resultados que evidencian la evolución de los cuatro parámetros físico-químicos en los estanques de la Empresa Aquaquel.

En primer lugar, han sido estudiadas las medidas descriptivas, los gráficos de secuencia temporal y de cajas (boxplot). A continuación un ANOVA ha sido aplicado para estudiar la influencia de los factores estanque, periodo de medición y día sobre los cuatro parámetros físico-químicos.

Tabla 4.4: Resumen cuantitativo de los parámetros físico-químicos en los cuatro estanques de cultivo de tilapia.

		Temperatura		
	Estanque 1	*Estanque 2*	*Estanque 3*	*Estanquec4*
Media	*26,03*	*25,66*	*25,41*	*25,63*
Varianza	*4,62*	*3,58*	*4,40*	*4,86*
		Oxígeno		
	Estanque 1	*Estanque 2*	*Estanque 3*	*Estanquec4*
Media	*3,72*	*6,71*	*3,98*	*6,94*
Varianza	*0,51*	*0,89*	*0,50*	*0,66*
		pH		
	Estanque 1	*Estanque 2*	*Estanque 3*	*Estanquec4*
Media	*7,44*	*7,48*	*7,85*	*7,66*
Varianza	*0,04*	*0,06*	*0,13*	*0,28*
		Transparencia		
	Estanque 1	*Estanque 2*	*Estanque 3*	*Estanquec4*
Media	*29,51*	*20,24*	*28,48*	*22,24*
Varianza	*9,97*	*30,42*	*48,28*	*28,02*

Los números marcados en rojo y en azul en la tabla 4.5 representan los máximos de las medias y varianzas, respectivamente. El estanque 1 tiene valores más altos de la temperatura y transparencia, el estanque 3 valores más altos de pH y el estanque 4 tiene valores más altos del oxígeno.

La temperatura es el parámetro con más variabilidad, siendo que en los estanques 2, 3 y 4 la varianza supera sus respectivos valores medios.

Los gráficos a continuación muestran la evolución diaria de los cuatro parámetros físico-químicos.

Figura 4.3: Evolución diaria de los parámetros físico-químicos.

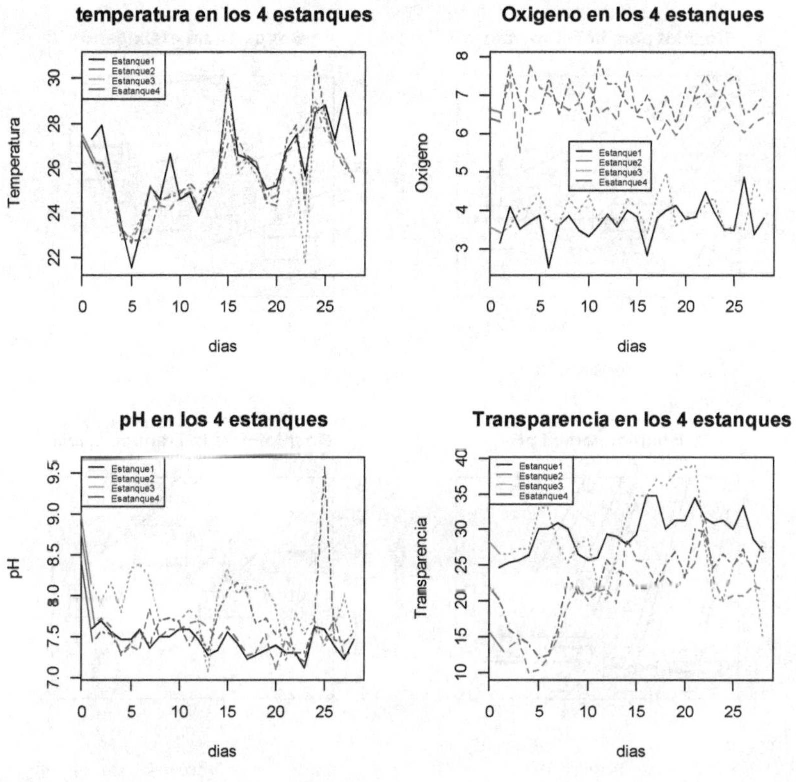

En la figura 4.3 se ve la auto-correlación de cada parámetro físico-químico, la observación 329 identificada como atípica en el gráfico T^2 de hotelling, se visualiza también en el gráfico del pH como esta se aleja de las restantes observaciones. Dicha observación pertenece al estanque 4. Se observa que en algunos estanques los parámetros evolucionan de forma similar, como es el caso de la temperatura que varía de forma similar en los cuatro estanques, el oxígeno y la transparencia varían de forma similar en los estanques 1-3 y 2-4. Los gráficos de cajas (boxplot) presentados en la figura 4.4 visualizan dichas similitudes entre estanques.

Figura 4.4: Evolución diaria de los parámetros físico-químicos.

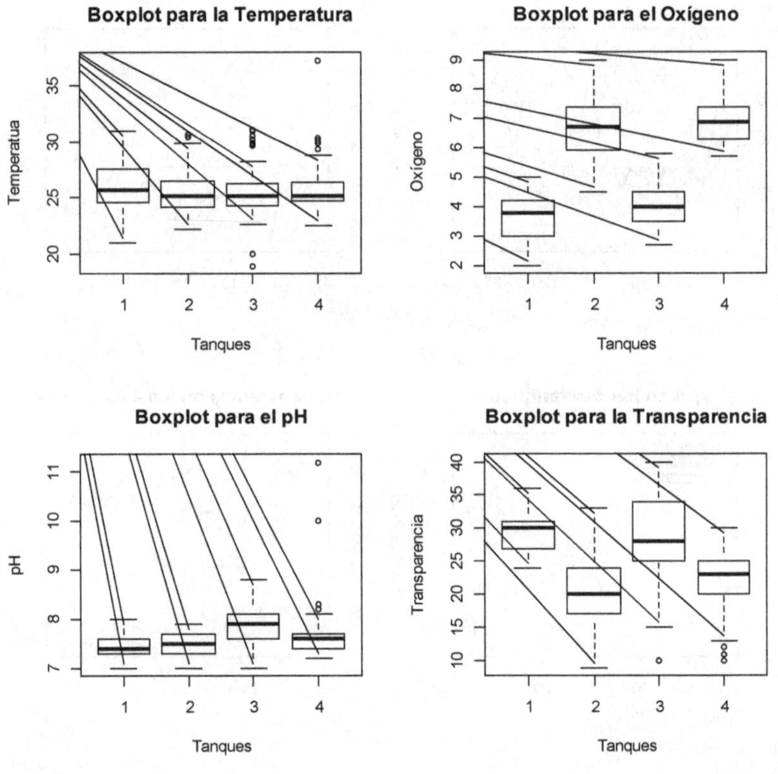

Los gráficos (boxplot) para cada parámetro en cada estanque separan, a través de los niveles de oxígeno y transparencia, dos grupos de estanques: 1-3 que presentan niveles bajos de oxígeno y niveles altos de la transparencia, y 2-4 que presentan niveles altos de oxígeno y bajos de la transparencia. En cuanto al nivel del pH, el estanque 3 es diferente de los demás. El gráfico vuelve a señalar la presencia de datos atípicos en el estanque 4.

La tabla 4.5 y las figuras 4.3 y 4.4, presentan resultados importantes sobre las similitudes y diferencias entre los cuatro estanques, sin embargo, resulta relevante realizar un estudio inferencial para identificar posibles diferencias significativas del factor *estanque*, *periodo de medición* y el *día de medición* sobre los parámetros físico-químicos.

La extracción de los datos se hizo a través de un experimento factorial, donde todos los parámetros fueron medidos en cada estanque en los tres periodos de medición en todos los días del experimento. Por tanto, el proceso de medición de los parámetros físico-químicos en los tres *periodos* consistió en medidas repetidas, ya que se midieron los parámetros sucesivamente sobre el mismo ambiente acuático.

Considerando este aspecto, el análisis inferencial del experimento se realiza mediante un ANOVA con medidas repetidas, siendo que los factores se clasifican en:

1. periodo de medición: factor categórico con los niveles 1=6h, 2=12h y 3=18h, es un factor intra-sujeto, ya que se supone que las medidas obtenidas de los parámetros físico-químicos en cada nivel de este factor son de un mismo grupo.
2. estanque: factor categórico con los niveles *estanque 1, estanque 2, estanque 3* y *estanque 4*, el hecho de que los estanques estén separados unos de otros, se entiende que las mediciones de los parámetros físico químicos en cada nivel de este factor se realiza a grupos diferentes, por tanto, es un factor inter-sujeto.
3. día: factor cuantitativo (aunque se presente por valores discretos lo tomamos como variable contínua), es una covariable del modelo.

Para garantizar la ortogonalidad del experimento, en el análisis de la varianza no se consideró los datos de la muestra correspondiente al periodo 1 del último día de medición (donde por ciertas razones no se ha obtenido las medidas de los periodos 2 y 3). Así, de 340 observaciones de la muestra, se estudiaron 336 (lo que se supone que la ausencia de dichas 4 observaciones no influencia mucho en las conclusiones del experimento). Por tanto, en cada tratamiento (condiciones a estudiar) hay un número igual de observaciones, es decir, en cada periodo se realizaron 28 mediciones en cada estanque, por ello, el experimento es ***replicado y equilibrado*** (Romero y Zúnica, 2013).

En los cuatro ANOVA planteados (para cada parámetro físico-químico) se pretende testar la hipótesis de la influencia de los factores *periodo de medición*, *estanque* y *día* sobre cada parámetro físico-químico. Los resultados del análisis se presentan a continuación:

Tabla 4.5: ANOVA con medidas repetidas.

Temperatura						
Prueba de efectos intra-sujetos						
Factor		SC	g.l	CM	F	sig
periodo	Esfericidad asumida	12,19	2	6,09	3,53	0,03
periodo*dia		0,57	2	0,28	0,16	0,85
perido*estanque		7,08	6	1,18	0,68	0,66
Prueba de efectos inter-sujetos						
Factor		SC	g.l	CM	F	sig
estanque		1,09	3	0,37	105,2	0,00
dia		80,39	1	80,39	32,97	0,00
estanque*dia		2,74	3	0,91	0,38	0,77
error		253,59	104	2,44		
Oxígeno						
Prueba de efectos intra-sujetos						
Factor		SC	g.l	CM	F	sig
Periodo	Esfericidad asumida	1,22	2	0,61	0,99	0,37
periodo*dia		1,80	2	0,90	1,46	0,23
perido*estanque		2,84	6	0,47	0,77	0,59
Prueba de efectos inter-sujetos						
Factor		SC	g.l	CM	F	sig
estanque		71,4	3	23,8	105,2	0,00
dia		0,03	1	0,27	0,12	0,73
estanque*dia		1,09	3	0,36	1,61	0,19
error		23,50	104	0,23		
pH						
Prueba de efectos intra-sujetos						
Factor		SC	g.l	CM	F	sig
Periodo	Esfericidad asumida	0,08	2	0,04	0,72	0,49
periodo*dia		0,34	2	0,17	3,16	0,04
perido*estanque		0,14	6	0,02	0,44	0,85
Prueba de efectos inter-sujetos						
Factor		SC	g.l	CM	F	sig
estanque		1,69	3	0,57	6,79	0,00
dia		0,21	1	0,21	3,79	0,01
estanque*dia		0,95	3	0,32	1,61	0,19
error		8,68	104	0,83		
Transparencia						
Prueba de efectos intra-sujetos						

Factor		SC	g.l	CM	F	sig
Periodo	Esfericidad asumida	30,76	2	15,38	2,42	0,09
periodo*dia		9,29	2	4,65	0,73	0,48
perido*estanque		64,94	6	10,82	1,71	0,121
Prueba de efectos inter-sujetos						
Factor		SC	g.l	CM	F	sig
estanque		1295,39	3	431,79	23,97	0,00
dia		480,98	1	480,98	26,70	0,00
estanque*dia		379,73	3	126,58	7,03	0,00
error		1873,38	104	18,01		

La tabla 4.5 presenta los resultados de cuatro ANOVA correspondientes al test de significación de los factores *periodo*, *estanque* y *día* sobre cada parámetro físico-químicos.

La estructura de la tabla 4.5 indica que se ha considerado por separado el test referente a la significación del factor intra-grupo (periodo) y el factor inter-grupos (estanque) y la covariable (día), ya que el algoritmo utilizado para ellos es diferente.

Los resultados indican que, a un nivel de significación de 0,05, el efecto principal del periodo de medición es significativo solamente para la temperatura (sig=0,03<0,05) y su interacción con el factor *día* resulta significativa para el pH (sig=0,04<0,05). Así, se puede decir, respectivamente, que la temperatura media es significativamente diferente en al menos uno de los tres periodos de medición y que el efecto del periodo de medición en el pH es diferente en los días del experimento.

El factor estanque influencia en los parámetros oxígeno, pH y transparencia, es decir, al menos un estanque presenta niveles diferentes de oxígeno, pH y transparencia (sig=0,00<0,05). La interacción de este factor con el dia resulta significativa para la transparencia del agua, indicando que el efecto del factor estanque sobre la transparencia es diferente en los días del experimento, es decir, los niveles de la transparencia cambia según el día que se realizó el experimento.

El factor día es significativo para la temperatura, pH y transparencia del agua. Los resultados muestran que los niveles de dichos parámetros dependen del día en que se realizó la medición.

Las figuras 4.3 y 4.4 visualizan la evolución diaria de los parámetros y su similitud en los estanques, asociando esto a los resultados del ANOVA se puede entender que la influencia del factor estanque en el oxígeno y en la trasparencia es causada por los estanques 1-3 y 2-4, que presentan niveles bajos de oxígeno y altos de transparencia y, niveles altos de oxígeno y bajos de transparencia, respectivamente. Respecto al pH, la significación del factor estanque es causada por la diferencia del nivel de pH en el estanque 3 comparativamente a los demás estanques (el estanque 3 presenta valores más elevado de pH).

Los resultados del ANOVA para las pruebas del efecto intra-sujetos del factor periodo de medición en los cuatro parámetros se asume la esfericidad, es decir, que las varianzas de las diferencias entre cada dos niveles del factor con medidas repetidas son iguales. El factor periodo tiene 3 niveles, tendremos tres nuevas variables correspondientes a la diferencia de las combinaciones dos a dos entre niveles: 1-2, 1-3 y 2-3. Asumir igualdad de varianzas de esas tres variables equivale afirmar que la matriz de varianzas-covarianzas es circular o esférica (Kirk, 1982).

El único parámetro influenciado por el factor con medidas repetidas (periodo) es la temperatura, así que, el estudio de la esfericidad solo se puede realizar sobre dicho parámetro. La tabla 4.6 a continuación muestra los resultados de la prueba de esfericidad de Mauchly, que contrasta la hipótesis de esfericidad del factor con medidas repetidas (periodo) en los cuatro parámetros físico-químicos.

Tabla 4.6: Prueba de esfericidad para la temperatura

Efecto intra-sujeto	W de Mauchy	Aprox. Chi-cuadrado	g.l	sig
Periodo	0,58	58,31	2	0,00

A través de la sig=0,00<0,05, se rechaza la hipótesis de esfericidad en el modelo ANOVA con medidas repetidas para la temperatura, es decir, las varianzas de la temperatura en los tres periodos de medición no son iguales. El fallo de este supuesto compromete el resultado presentado en la tabla 4.5 respecto a la influencia del factor periodo en la temperatura. Una alternativa para este caso es tomar la decisión sobre la influencia del factor periodo en la temperatura basándose en los estadísticos multivariados que no les afecta el incumplimiento de la esfericidad (Box, 1954).

Tabla 4.7: Prueba del factor periodo sin considerar la esfericidad.

Efecto		Valor	F	g.l	sig
Periodo	Lambda de Wilks	0,95	2,79	2	0,066

Para contrastar la hipótesis de la influencia de un factor con medidas repetidas sobre una determinada variable respuesta sin considerar la esfericidad, suele aplicarse los estadísticos multivariados como *Lambda de Wilks, Traza de Pillai, Traza de Hotelling* y *Raíz mayor de Roy* (Bock, 1975), En este caso, Lambda de Wilks ha sido aplicado. El resultado en la tabla 4.8 indica que a un nivel de significación de 0,05 (sig=0,066>0,05) no se debe rechazar la hipótesis de igualdad de medias de la temperatura en los tres periodos de medición. Los resultados de esta prueba reside en el hecho de que los niveles del factor periodo presente varianzas diferentes, que los hace incomparables, no necesariamente que las medias de la temperatura en los niveles 1=6h, 2=12h y 3=18h del factor periodo sean iguales, pues esto es visible a partir de la figura 4.5.

Figura 4.5: Comparación de la temperatura en los tres periodos de medición

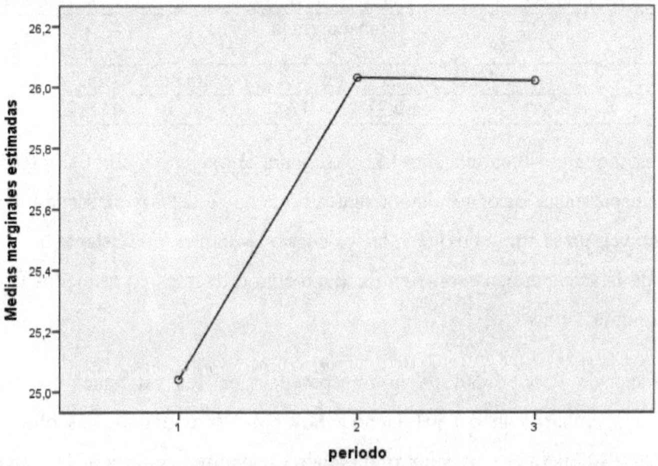

Cuanto a la variabilidad de los parámetros oxígeno, pH y transparencia en el factor estanque (factor significativo en estos parámetros) observemos las varianzas de cada parámetro en cada estanque en la tabla 4.4 y los gráficos de cajas en la figura 4.4, en ellos se observa que el estanque 2 presenta mayor varianza de oxígeno.

El estanque 4 presenta mayor varianza de la temperatura y del pH, causada por las observaciones atípicas 327 para la temperatura y 329 y 330 para el pH. Observando el gráfico de cajas, sin estas observaciones el estanque 4 tendría menor varianza en los dos parámetros. Las varianzas de la transparencia en los estanques 2, 3 y 4 son mayores que sus respectivos valores medios, siendo que el estanque con mayor varianza de la transparencia es el 3.

Para analizar si son significativas las diferencias de la varianza de cada parámetro en los estanques, aplicamos el test de *M de Box* que testa la hipótesis de igualdad de la matriz de varianza-covarianza en los niveles del factor, los resultados son presentados en la tabla 4.8.

Tabla 4.8: Prueba de igualdad de matrices de varianza-covarianzas

		Oxígeno				
Efecto		Valor	F	g.l1	g.l2	sig
Estanque	M de Box	18,12	0,96	18	41217,6	0,51
		pH				
Efecto		Valor	F	g.l1	g.l2	sig
Estanque	M de Box	129,61	6,84	18	41212,6	0,00
		Transparencia				
Efecto		Valor	F	g.l1	g.l2	sig
Estanque	M de Box	69,21	3,65	18	41212,6	0,00

El factor estanque presenta una sig=0,51>0,05 para el oxígeno y sig=0,00<0,05 para el pH y la transparencia. Estos resultados indican que no se debe rechazar la hipótesis de igualdad de varianzas para el oxígeno en los cuatro estanques, no obstante, las varianzas del pH y de la transparencia son significativamente diferentes en al menos uno de los cuatro estanques.

La diferencia de variabilidad de la transparencia en los estanques no puede ser corregida, sin embargo la del pH la podemos corregir quitando las observaciones atípicas 329 y 327 para este parámetro (quitando estas observaciones de la base de datos la prueba sale no significativa con un sig.=0.111<0,05).

Otro supuesto a considerar es la normalidad de los residuos. Para estudiar este aspecto cuatro gráficos de papel probabilístico normal han sido determinados. En la fig.4.6 se puede observar la relación entre los residuos y su respectivo porcentaje acumulado.

Se supone que, cuando dicha relación es aproximadamente lineal, implica que la distribución empírica de los residuos se aproxima a una distribución normal. En este caso, las observaciones 327, 329 y 330 fallan con el supuesto de la normalidad para los residuos de la temperatura y del pH, respectivamente, presentándose distanciadas de la recta que relaciona los residuos y su porcentaje acumulada.

Figura 4.6: Estudio de la normalidad de los residuos

temperatura

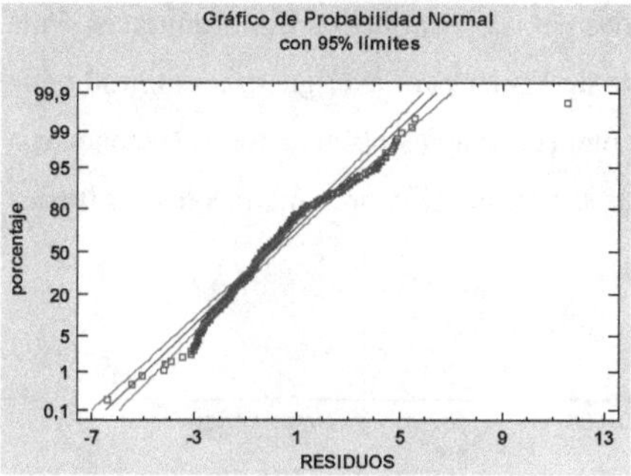

oxígeno

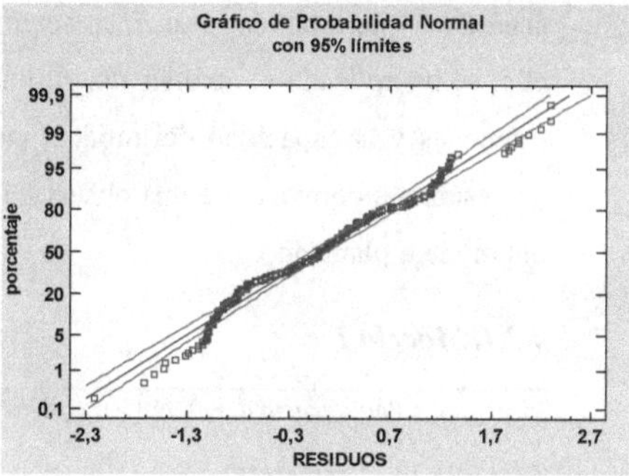

pH

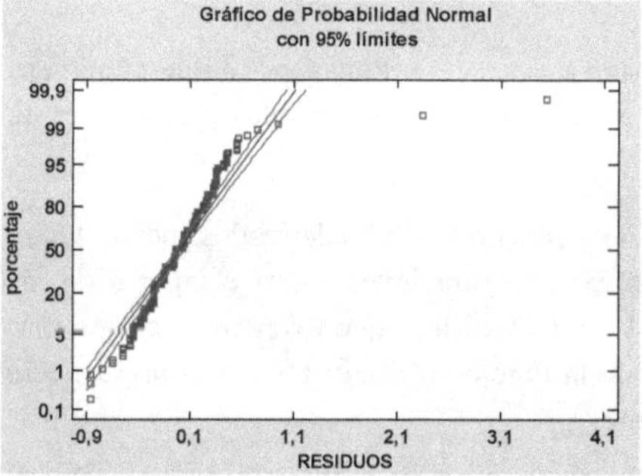

transparencia

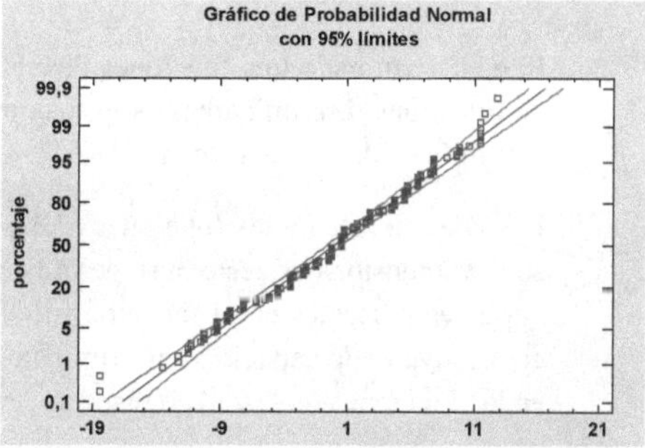

Dichas observaciones las hemos detectado anteriormente como atípicas en el análisis de componentes principales, en la secuencia temporal y en los gráficos de cajas. Además de detectarlas, las quitamos para resolver el problema de falta de homogeneidad de la varianza en el pH, de forma análoga, para lograr la normalidad de los residuos de la temperatura y del pH, se puede proponer que se las quite de la base de datos, ya que sin dichas observaciones se evidencia en los cuatro parámetros físico-químicos un cumplimiento de la normalidad de los residuos. Sin embargo, la decisión de quitar dichas observaciones atípicas del modelo, causa un desequilibrio en el factor estanque, ya que las tres observaciones atípicas pertenecen al estanque 4, y al sacarlas del modelo dicho estanque no dispondrá del mismo número de datos que los demás.

4.3. Análisis de similitudes del ambiente en los estanques

Resulta relevante averiguar el grado de similitud de los estanques a través del ambiente acuático a que están expuestos, caracterizados por los parámetros físico-químicos. Para ello, se ha aplicado el análisis discriminante de Fisher para averiguar la similitud entre estanques y la capacidad del modelo para predecir nuevas observaciones (reconocer a qué estanque corresponde una observación). A continuación presentamos los resultados del modelo planteado.

4.3.1. Modelo 1

$$Z_1 = 0{,}52 * Temperatura + 0{,}948 * Oxígeno - 0{,}160 * pH - 0{,}316 * Transparencia \quad (4.3)$$

$$Z_2 = -0{,}479 * Temperatura + 0{,}130 * Oxígeno + 0{,}979 * pH + 0{,}103 * Transparencia \quad (4{,}4)$$

$$Z_3 = 0{,}030 * Temperatura + 0{,}307 * Oxígeno - 0{,}187 * pH + 0{,}955 * Transparencia \quad (4.5)$$

Si ha determinado tres funciones discriminantes, pues el método supone que el número de funciones discriminantes es el máximo entre el número de variables y el número de categorías a discriminar menos 1.

Los coeficientes de las funciones (4.3), (4.4) y (4.5) están estandarizados, por lo tanto, son adimensionales, esto nos permite realizar comparaciones sobre el aporte de las variables presentes en el modelo, así que, se puede afirmar que *oxigeno* es el que más contribuye en la capacidad discriminatoria de la función (4.3), el *pH* y la *transparencia* en las funciones (4.4) y (4.5) respectivamente.

La tabla que presentamos a continuación muestra la significación de dichas funciones discriminantes:

Tabla 4.9. Significancia de las funciones Discriminantes Lineales de Fisher

Función	Lambda de Wilks	Chi-Cuadrado	df	p-valor
1	0.154	626.6	12	0.000
2	0.786	80.8	6	0.000
3	0.976	7.9	2	0.018

El análisis inferencial para la significancia de las funciones se ha hecho mediante el estadístico *Lambda de Wilks*, donde cuanto menor, mejor para su significación, la racionalidad cuantitativa de este estadístico es inversa al chi-cuadrado, siendo que a valores menores de Wilks corresponde a elevados Chi-cuadrados y viceversa.

Los p-valores indican que a un nivel de significancia de 5% las tres funciones son significativas. O sea, se puede considerar que las tres funciones pueden discriminar los cuatro estanques de cultivo.

Para estudiar la variabilidad discriminatoria de las funciones determinadas presentamos a continuación la tabla 4.10

Tabla 4.10. Variabilidad de las Funciones Discriminantes

Función	auto valor	% de Variabilidad	% Acumulada
1	4.10	93.9	93.9
2	0.24	5.6	99.4
3	0.02	0.6	100.0

La tabla 4.10 muestra una distribución no equilibrada de la variabilidad de las funciones (es cierto que normalmente la primera función suele tener mayor variabilidad, pero, en este caso es exagerado). La función 1 explica casi toda la variabilidad y la función 3 no explica casi nada. Lo que indica que sin la función 3 en el modelo, la capacidad discriminatoria no cambiaría mucho.

A continuación, se pueden visualizar las categorías discriminadas y se comparar el grado de similitudes entre ellas.*Figura 4.7. Representación de los 4 tanques de cultivo de tilapia en la empresa Aquaquel*

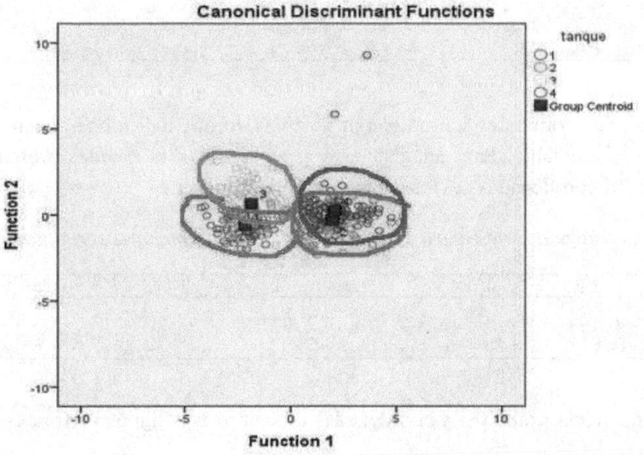

En cuanto a la capacidad predictiva, este modelo presenta un 71.5% de casos clasificados correctamente de los casos agrupados originales y un 68.5% en la validación cruzada.

En la figura 4.7 se observa los cuatro estanques discriminados mediante funciones (4.3) y (4.4), en media, los estanques 2 y 4 se presentan muy próximos (casi pegados), pero separados de los estanques 1 y 3 (donde para estos dos últimos también parece haber una proximidad entre ellos, aunque no es tan destacada como del grupo 2-4).

Estos estanques 2 y 4 aparentan no presentar diferencias significativas, sin embargo, es posible que exista alguna diferencia entre los estanques 1 y 3. Por ello, nos proponemos a plantear otro modelo discriminante de Fisher considerando para las categorías: grupo 1: compuesto por elementos del estanque 1, grupo 2: compuesto por elementos de estanque 2 y 4, y grupo 3: compuesto por elementos del estanque 3.Los resultados de este análisis se presentan a continuación:

4.3.2. Modelo 2

Con la agrupación de los estanques 2 y 4, la estructura del modelo cambia, como se puede ver en la tabla 4.3.4 el modelo presenta dos funciones discriminantes (por el criterio presentado en apartado anterior).

Tabla 4.11. Significancia de las funciones Discriminantes Lineales de Fisher

Función	Lambda de Wilks	Chi-Cuadrado	df	p-valor
1	0.163	608.6	8	0.000
2	0.830	62.3	3	0.000

Las funciones discriminantes son muy significativas, lo que indica que tienen un poder discriminatorio aceptable. Para analizar este aspecto con más detalles presentamos a continuación las coordenadas de los centros de cada grupo:

Tabla 4.12. Coordenadas de centro de los grupos en cada función discriminante

Grupo	1	2	3
Función			
1	-2.153	2.01	-1.87
2	-0.613	-0.02	0.65

Se observa que cada grupo tiene coordenadas de centro con signos diferentes con los demás. Si entendemos dichos signos como una localización de cada grupo en el espacio R^2 con cuatro cuadrantes, considerando la función 4.3 como abscisa y función 4.4 ordenada, se puede afirmar lo siguiente:

- El grupo 1 presenta signos negativos en ambas coordenadas, entonces está en el 3er cuadrante
- El grupo 2 presenta signo positivo en la abscisa y negativo en la ordenada, entonces está en el 4° cuadrante
- Finalmente, el grupo 3 está en el 2° cuadrante por presentar los signos negativo para abscisa y positivo para ordenada.

En la figura 4.8 se puede visualizar los tres grupos referidos.

Figura 4.8. Representación de los grupos discriminados

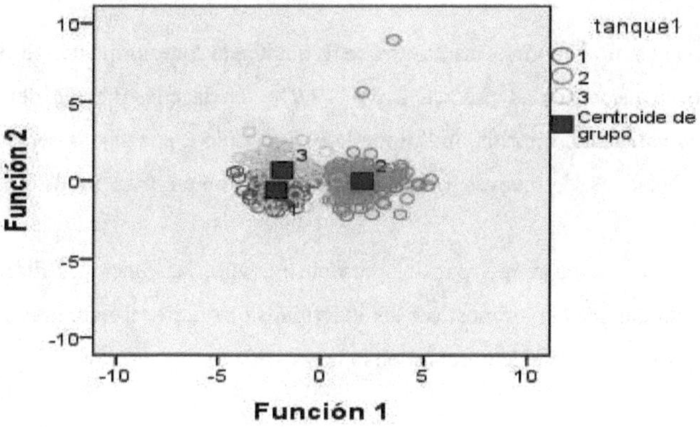

Para analizar la capacidad predictiva del modelo discriminante de Fisher planteado (modelo 2), presentamos la tabla 4.13.

Tabla 4.13: Capacidad Predictiva del Modelo

			Grupo de Pertenencia Pronosticado			
		Grupo	1	2	3	Total
Original	Recuento	1	71.0	0.0	14.0	85.0
		2	0.0	168.0	2.0	170.0
		3	18.0	2.0	65.0	85.0
	Percent.(%)	1	83.5	0.0	16.0	100.0
		2	0.0	98.8	1.2	100.0
		3	21.2	2.4	76.5	100.0

89.4% de casos clasificados correctamente de los casos agrupados originales. 88.5% de casos clasificados correctamente de los casos originales en la validación cruzada.

El porcentaje de aciertos indica que el modelo no es malo para predecir, pues para clasificar una nueva observación nos equivocaríamos con una probabilidad de solo 0.16, además, el porcentaje de clasificados correctamente en la validación cruzada difiere solamente en 0.9% comparativamente al obtenido en la construcción del modelo, lo que indica que el modelo es "robusto" o que no varía mucho a cambios de la muestra.

Comparativamente al modelo discriminante 1 planteado anteriormente, se observa un incremento en la capacidad predictiva de 17.9% en la construcción del modelo y 19.1% en la validación cruzada, indicando que el modelo 2 además de ser más preciso en las predicciones de nuevas observaciones es también más robusto a cambios muestrales.

Finalmente, cabe destacar que para el presente modelo, las funciones discriminantes tienen más dificultades en pronosticar los individuos que pertenecen al grupo 1 y 3 que los del grupo 2, esto se puede observar en la tabla 4.13.

4.5. Análisis de factores que influencian al peso de la tilapia

En los apartados anteriores hemos estudiado aspectos relacionados a los parámetros físico-químicos en los estanques, periodos y días de medición. Además de estos parámetros, el peso ha sido considerado en el experimento para medir la calidad de las tilapias (ver capítulo 2). Con objeto de estudiar los factores que influencian en el peso de la tilapia en la empresa Aquaquel, planteamos un modelo lineal general (MLG) con el peso como variable respuesta; los cuatro parámetros físico-químicos y el factor día como factores cuantitativos (covariables); estanque y periodo de medición como factores cualitativos.

La variable respuesta es de escala continua, así que nos importa estudiar la relación lineal entre las *covariables* significativas del modelo y en qué se diferencian los factores cualitativos respecto al peso.

El modelo planteado lleva la siguiente expresión:

Peso(g) = b0 +b1*P(1) + b2*P(2) +b3*E(1) + b4*E(2) + b5*E(3) + b6*Temp(0C) + B7*Oxig(ml/l) +b8*pH + b9*Transp(cm) + b10*dia +error (4.6)

donde

P(1) = Período=1
P(2) = Período=2
E(1) = estanque=1
E(2) = estanque=2
E(3) = estanque=3

Para los factores periodo y estanque se considera como referencia el periodo 3 (P(3)) y el estanque 4 (E(4)) respectivamente.

Los resultados del ANOVA presentado en la tabla 4.14 indica que al menos uno de los regresores influencia en el peso de tilapias (sig=0,0041<0,05), o sea, hay una relación estadísticamente significativa entre el peso y al menos una de la variables explicativas del modelo.

Modelo 1: MLG para el peso considerando la variable día

Tabla 4.14: significación del MLG

Fuente	*Suma de Cuadrados*	*Gl*	*Cuadrado Medio*	*Razón-F*	*Valor-P*
Modelo	841737,	10	84173,7	2,65	0,0041
Residuo	1,03297E7	325	31783,8		
Total (Corr.)	1,11715E7	335			

Para identificar dichas variables que se relacionan con el peso, la prueba de significación de los coeficientes presentado en la tabla 4.15, muestra que, a un nivel de significación de 5%, el estanque, el día y la transparencia del agua son las variables explicativas que influencian al peso.

Tabla 4.16. Significación de coeficientes del modelo

Fuente	*Suma de Cuadrados*	*Gl*	*Cuadrado Medio*	*Razón-F*	*Valor-P*
Período	70617,4	2	35308,7	1,12	0,3279
estanque	431377,	3	143792,	4,56	0,0038
Temp(0C)	23747,7	1	23747,7	0,75	0,3863
Oxig(ml/l)	38795,3	1	38795,3	1,23	0,2683
pH	59490,5	1	59490,5	1,89	0,1707
Transp del Agua(cm)	190025,	1	190025,	6,02	0,0147
dia	480462,	1	480462,	15,23	0,0001
Residuo	1,03824E7	329	31557,4		
Total (corregido)	1,14239E7	339			

Así, el modelo para el peso tiene la siguiente expresión:

Peso (g) =659,13-77,32*E(1)+6,20*E(2)+28,13*E(3)+4,69*Transp-5,48*dia+error(4.7)

El término independiente indica un peso de referencia para el estanque 4, con un valor más geométrico que real y sin una interpretación clara en este caso.

Para el mismo valor de la transparencia en un determinado día del experimento, el estanque 1 (E(1)) contribuye negativamente al peso de las tilapias con una diferencia de 77,32 gramos comparativamente al estanque 4, los estanques 2 y 3 contribuyen positivamente con diferencias de 6,20 y 28,13 gramos, respectivamente. Con esto, se puede decir que el estanque 3 es el que más favorece al peso de las tilapias, seguido por el 2. El peor sería el 1.

El coeficiente de la transparencia (Transp) en el modelo indica que, manteniendo constante las demás variables explicativas, a cada centímetro más de transparencia del agua, el peso medio aumenta en 4,69 gramos. Sin embargo, a cada día que pasa el peso registra un descenso de 5,48 gramos, indicando una situación negativa, ya que en el manejo de especies marinas en acuicultura se busca la mayor velocidad posible de aumento de peso.

Para estudiar la evolución del peso respecto al tiempo y entender este valor negativo de la influencia del tiempo, se categorizó la variable día en cuatro semanas, considerando 7 días para cada semana (se ha excluido la quinta semana por tener solamente datos de un periodo de medición). Introduciendo la variable semana el modelo presenta los siguientes cambios:

Modelo 2: MLG para el peso considerando la variable semana

Tabla 4.17: significación del MLG con tiempo categorizado por semana

Fuente	Suma de Cuadrados	Gl	Cuadrado Medio	Razón-F	Valor-P
Modelo	1,52932E6	12	127443,7	4,27	0,0000
Residuo	9,64216E6	323	29851,9		
Total (Corr.)	1,11715E7	335			

Los resultados en la tabla 4.17 indican que el modelo con la variable semana es estadísticamente significativo, esto es, hay al menos una variable explicativa que presenta una relación estadísticamente significativa con el peso de las tilapias. La tabla 4.18 a continuación muestra que dichas variables explicativas significativas son el *estanque* y *la semana*.

Tabla 4.18. Significación de coeficientes del modelo con *tiempo* categorizado en semana

Fuente	Suma de Cuadrados	Gl	Cuadrado Medio	Razón-F	Valor-P
Estanque	415946,0	3	138649,0	4,64	0,0034
Período	78732,2	2	39366,1	1,32	0,2689
semana	974511,0	3	324837,0	10,88	0,0000
Temp_0C_	17295,1	1	17295,1	0,58	0,4471
Oxig_ml_l_	6521,41	1	6521,41	0,22	0,6405
pH	58515,8	1	58515,8	1,96	0,1625
Transpar	2630,7	1	2630,7	0,09	0,7668
Residuo	9,64216E6	323	29851,9		
Total (corregido)	1,11715E7	335			

Con estos factores significativos el modelo puede ser representado por la siguiente expresión:

$$\text{Peso (g)} = 687{,}17 + 10{,}18*S(1) + 8{,}00*S(2) + 70{,}74*S(3) - 40{,}65*E(1) - 33{,}26*E(2) + 59{,}24*E(3) + \text{error} \quad (4.8)$$

Los coeficientes del modelo indican que en la semana 4 el peso de las tilapias bajó con diferencia de 10,18, 8,00 y 70,74 gramos, respectivamente, a la semana 1 (S(1)), semana 2 (S(2)) y semana 3 (S(3))(sin variar las demás variables explicativas). Se registraron pesos más elevados en la semana 3, siendo que de la semana 1 a la semana 2 se verificó un descenso reducido. Aunque las mediciones se hayan realizado en solamente una parte de las tilapias cultivadas (muestra), las diferencias del peso evidenciadas entre las semanas 3 y 4 (más bien, descenso del peso) son importantes y se pueden considerar significativas. Y, atribuimos a esto, la causa de que en el **modelo 1** la variable *día* se presente con coeficiente negativo. Observe la figura 4.9 como se visualiza la caída del peso en la última semana, algo que se sugiere una reflexión con vista a identificar los factores que condicionaron dicho descenso del peso.

Figura 4.9: Pesos de las tilapias en cada semana

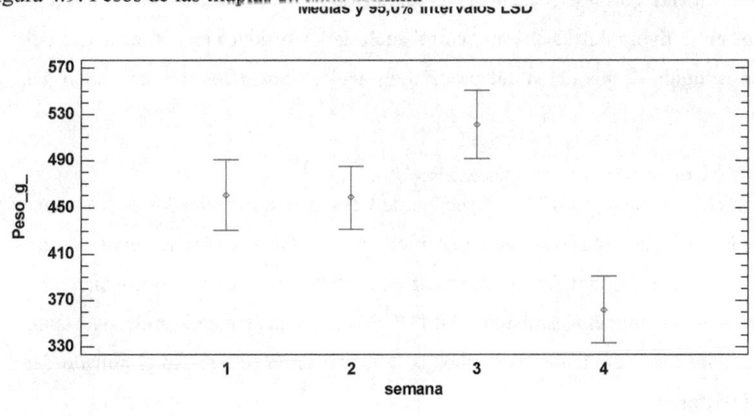

La figura 4.10 presenta gráficos LSD que visualizan las diferencias del peso en los cuatro estaques, que nos referimos en los apartados anteriores a través de los coeficientes de regresión.

Figura 4.10. Comparación del peso en los cuatro estanques

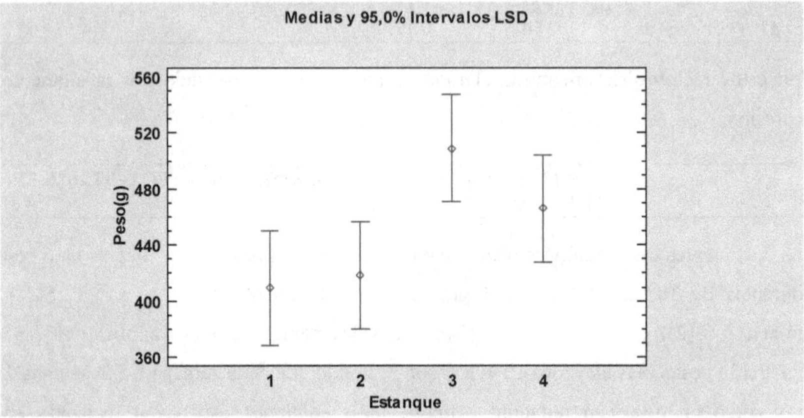

Por tanto, se observa que a los valores más altos del peso corresponden al estanque 3. El estanque 1 presenta los valores más bajos del peso.

El modelo presenta el estadístico Durbin-Watson = 1,46525 (P=0,0000). Este estadístico prueba los residuos para determinar si hay alguna correlación significativa con base en el orden en el que se presentan las observaciones, o sea, evalúa la autocorrelación de los residuos del modelo. Puesto que el p-valor <0,05, hay indicación de una posible autocorrelación de los residuos. Los resultados de esta prueba corroboran con lo que vimos anteriormente con las secuencias temporales de los parámetros físico-químicos presentados en la figura 4.3. Dicha autocorrelación de los residuos es consecuencia del método de recogida de los datos del proceso en acuicultura (datos que dependen del tiempo).

3.5.1. Puntos influyentes en el modelo.

Los estadísticos Leverage, DFITS y Distancia de Cook han sido aplicados para evaluar la influencia de cada observación en el modelo (ver tabla 4.14). Leverage es un estadístico que mide que tanta influencia tiene cada observación en la determinación de los coeficientes del modelo estimado. DFITS es un estadístico que mide que tanto podrían cambiar los coeficientes estimados si la observación se hubiese eliminado del conjunto de datos.

La distancia de Cook mide la distancia entre los coeficientes estimados con y sin cada observación. En este caso, se verifica que un punto promedio tendría un leverage =0,0386905. Las observaciones 327, 329 y 330, las que identificamos como atípicas en los análisis anteriores, presentan en este caso, valores de leverage mayores que 3 veces el leverage promedio, siendo que el leverage de la observación 329 es 5 veces mayor que el leverage promedio, consideramos, por tanto, esta observación como influyente, y quitándola puede resultar cambios significativos en el modelo (se verificó en los análisis anteriores que esta observación es el atípico más severo por tener un pH=11,2)

Tabla 4.19: Puntos influyentes en el modelo

Fila	*Leverage*	*Distancia de Mahalanobis*	*DFITS*	*Distancia de Cook*
327	0,132032	49,8097	-0,412894	0,0131091
329	0,347885	177,183	-0,270036	0,00562423
330	0,164694	64,8564	-0,479732	0,0176941

Leverage promedio de un solo punto = 0,0386905

3.5.2. Normalidad y homogeneidad de los residuos del modelo

Para estudiar la normalidad de los residuos del modelo lineal general para el peso, un gráfico de papel probabilístico normal se presenta a continuación.

Gráfico 4.11: Normalidad de los residuos

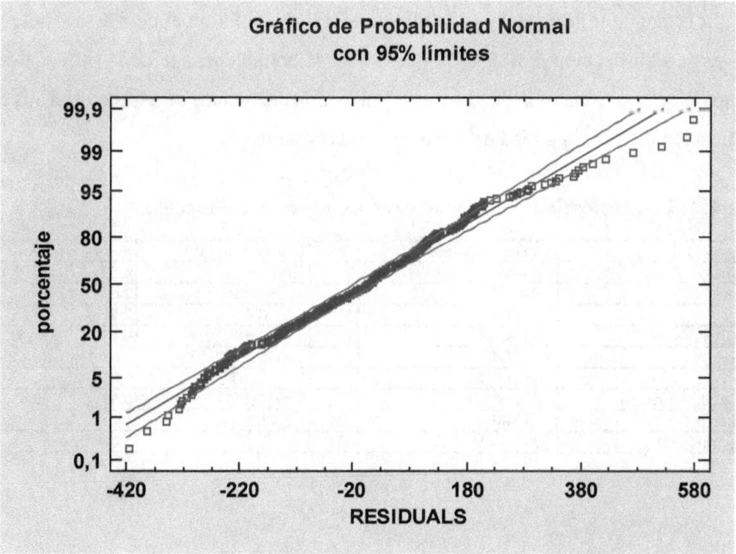

Los puntos se presentan sin grandes desvíos a la recta que relaciona los residuos y sus respectivos porcentajes acumuladas. No se evidencian observaciones que estén significativamente alejadas de dicha recta. De hecho se asume que los residuos se distribuyen de forma normal.

Cuanto a la homogeneidad de los residuos, un MLG ha sido determinado considerando la variable respuesta: *los residuos de modelo 2 al cuadrado* y los factores anteriores como regresores.

Tabla 4.20: Análisis de Varianza para RESIDUALS^2

Fuente	*Suma de Cuadrados*	*Gl*	*Cuadrado Medio*	*Razón-F*	*Valor-P*
Modelo	8,57219E10	12	7,14349E9	4,02	0,0000
Residuo	5,73648E11	323	1,776E9		
Total (Corr.)	6,5937E11	335			

Los resultados del modelo, a través de p-valor<0,05, indican que hay al menos un factor que influye en la variabilidad del residuo del modelo. La tabla 4.20 indica que el factor periodo (no significativo en el modelo para el peso) es muy significativo en el modelo (hasta a niveles de significación muy inferiores), indicando que la varianza en este factor no es homogénea – este factor también presenta varianzas diferentes de residuos de la temperatura, evidenciados en el análisis de la varianza en el apartado 3.4.

El factor estanque influye en la variabilidad del residuo a un nivel de 5%, considerando un nivel de significación de 1%, se puede asumir la homogeneidad de la varianza de los residuos en los 4 estanques de cultivo. Cuanto a las semanas, se asume a un nivel de significación de 5%, igualdad de varianzas en las 4 semanas.

Tabla 4. 121: significación de cada factor en los residuos del modelo

Fuente	*Suma de Cuadrados*	*Gl*	*Cuadrado Medio*	*Razón-F*	*Valor-P*
Periodo	3,40451E10	2	1,70226E10	9,58	0,0001
Estanque	1,94592E10	3	6,48641E9	3,65	0,0129
semana	1,38931E10	3	4,63105E9	2,61	0,0517
Temp(0C)	2,60446E8	1	2,60446E8	0,15	0,7020
Oxig(ml/l)	1,15989E9	1	1,15989E9	0,65	0,4196
pH	3,78532E7	1	3,78532E7	0,02	0,8840
Transpar de Agua(cm)	9,89138E8	1	9,89138E8	0,56	0,4560
Residuo	5,73648E11	323	1,776E9		
Total (corregido)	6,5937E11	335			

CAPITULO V

4. CONCLUSIONES

El experimento realizado posibilitó la adquisición del peso y de cuatro parámetros físico-químicos que caracterizan el ambiente acuático en los estanques de la empresa Aquaquel. De entre los varios factores que pueden influenciar en la variabilidad media de dichos parámetros, hemos controlado los factores estanque, periodo de medición y día de realización del experimento, siendo que el efecto de los no controlables está en los residuos del modelo. Para lograr los objetivos planteados en 1.2 y para contestar la cuestión presentada en 1.1, analizamos los datos mediante técnicas estadísticas de las cuales se obtienen los siguientes resultados:

1. El análisis de componentes principales muestra la existencia de correlaciones significativas entre los 4 parámetros físico-químicos. Con una variabilidad de 66,87% 2 componentes principales han sido consideradas para el modelo PCA que indican que los parámetros oxígeno y la transparencia son inversamente proporcionales y que la temperatura y el pH son directamente proporcionales. La manipulación de cada uno de estos parámetros debe ser realizada considerando este pormenor.
2. Del análisis descriptivo se verificó que los estanques 2 y 4 presentan características ambientales similares cuanto al nivel de transparencia y los estanques 1 y 3 muestran una tendencia de similitud cuanto al nivel de oxígeno (aunque no sea tan destacada como del grupo 2-4). La diferencia entre los estanques 1 y 3 reside en el nivel elevado del pH en el estanque 3. El análisis de la varianza con medidas repetidas indica que el factor periodo influye solamente en la temperatura, resulta no significativo en otros parámetros. Existe una diferencia significativa de los 4 parámetros físico-químicos en los 4 estanques de cultivo. La temperatura, el pH y la transparencia cambiaron según el día del experimento.
3. En el análisis Discriminante se aplicaron las funciones discriminantes lineales de Fisher para averiguar las similitudes y diferencias entre los estanques, para ello dos modelos fueran planteados, el Modelo 1 con 3 funciones discriminantes, presenta una capacidad predictiva de 71.5% de aciertos en la construcción del modelo y de 69.4% en la validación cruzada, con esto, se destaca con más evidencia la similitud de los estanques 2 y 4. Considerando este hecho, un nuevo modelo (Modelo 2) fue ajustado, donde, comparativamente al Modelo 1, se observó un aumento del porcentaje de aciertos de 17.9% y 19.1% en la construcción del modelo y en la validación cruzada

respectivamente, destacando que la similitud de los estanques 2-4 debe ser considerada (siendo que la similitud entre los estanques 1 y 3 ha sido refutada).

4. La influencia de los parámetros físico-químicos y los factores: periodo, estanque y día del experimento sobre el peso de la tilapia ha sido estudiados mediante modelos lineales generales. Dos modelos han sido ajustados (Modelo 1 y Modelo 2), donde en el modelo 1 la transparencia, estanque y día del experimento presentan una relación significativa con el peso, siendo que la relación inversa entre el peso y el día de medición contradice a la lógica teórica de cría de especies acuáticas (no se espera que con el tiempo las especies disminuían de peso), por ello, el modelo 2 ha sido ajustado codificando la variable día en 4 semanas, con objeto de identificar la semana en que se registró dicho descenso. El modelo 2 indica, por tanto, un descenso significativo de peso de la semana 3 a la semana 4, lo que hace negativo el coeficiente del día en el modelo 1. Estudios posteriores deben ser realizados para averiguar lo que ha pasado en concreto entre las semanas 3 y 4 e identificar los factores que causaron el descenso del peso.

Referencias Bibliográficas

Hervé Abdi and Lynne J.Williams. Principal component analysis. John Wiley and Sons,Inc., (2):433–459, 2010.

S. Alves y L. Mello. Manual para Monitoramento Hidrobiologico em Fazendas de cultivo de camarão. Recife, 2007.

A. Baillo y A Grané. 100 problemas resueltos de estadística multivariante implementados en Matlab. Delta Publicaciones., 2007.

G.E.P. Box, W.G. Hunter, y J.S. Hunter. Estadística para experimentadores. Journal of Computer Science, 4:252–255, 1989.

W. G. Cochran and G. M. Cox. Experimental designs. Wiley, 1992.

C.M.Cuadras. Análisis Multivariante. http://www.ub.edu/stat/personal/cuadras/cuad2.html, 2004.

C. N. Delgado, C., D. Dias, H., C. Vinicius, M., y V. Guelpeli, M. Utilização de sumários humanos no modelo cassiopeia. 2013.

T. G. Dietterich. Approximate statistical tests for comparing supervised classication learning algorithms. Neural Computation 10, (7):1895–1923, 2010.

L.M.C. Buydens S. De Jong . P.J. Lewi J. Smeyers-Verbeke D.L. Massart, B.G.M. Vandeginste. Handbook of chemometrics and qualimetrics: Part a. Elsevier, 1997.

FAO. Estadísticas de pescas y acuicultura. 2010.

FAO. The state of world fisheries and aquaculture. page 223 pp, 2014.

Hardy. Manual para Monitoramento Hidrobiologico em Fazendas de cultivo de camarão. Recife, 1981.

F. Xavier Rius Joan Ferré. Introducción al diseño estadístico de experimentos. 2002.

D. Kleinbaum and M Klein. Logistic Regression Statistics for Biology and Health. Springer, 2010.

Morles. Manual para Monitoramento Hidrobiologico em Fazendas de cultivo de camarão. Recife, 1996.

D Peña. Estadística Modelos y Métodos. Modelos lineales y Series temporales., volume Vol II. AlianzaEditorial, 1995.

D Peña. Análisis de datos Multivariantes. Editorial McGraw-Hill., 2002.

S. Pita Fernández. Elementos básicos en el diseño de un estudio. Unidad de Epidemiologia Clínica y Bioestadística. Complexo Hospitalário Juan Canalejo. A Coruña (España), pages 83–85, 1996.

M. Stone. Cross-validatory choice and assesment of statistical predictions. Statist. Soc., (36):111–147, 1974.

M. Stone. Cross-validation: A review. mathematische operationsforschung statischen. Serie Statistics, (9):127–139, 1978.

Rafael Romero Villafranca y Luisa Zúnica Ramajo. Métodos estadísticos para Ingenieros. Universidad Politècnica de Valencia, 2013.

Vinatea. Manual para Monitoramento Hidrobiologico em Fazendas de cultivo de camarão. Recife, 2007.

Svante Wold, Michael Sjostrom, and Lennart Eriksson. Pls-regression: a basic tool of chemometrics. Z. Chemometrics and Intelligent Laboratory Systems, (58):109–130, 2001.

M.B. Zoubi and M. Rawi. An efficient approach for computing silhouette coefficients. 1989.

FSC
www.fsc.org
MIX
Papier | Fördert
gute Waldnutzung
FSC® C083411

Kolibri 360 GmbH
Ferdinand-Jühlke-Straße 7
99095 Erfurt, Deutschland
produktsicherheit@kolibri360.de

Druck:
CPI Druckdienstleistungen GmbH
im Auftrag der
Kolibri 360 GmbH
Ferdinand-Jühlke-Str. 7
99095 Erfurt